高等学校一流本科专业建设教材

高等院校设计学类专业系列教材

商业空间设计

第二版

张炜　李俊　编著

Art
and
Design

化学工业出版社

·北京·

内容简介

本书以努力培养造就有担当的一流创新人才为引领，结合新文科人才培养要求，通过分析现代语境中商业空间设计的历史及发展趋势，以现代商业空间的设计理念为重点，剖析商业空间的基本设计方法和主要设计程序，向读者展示现代商业空间设计的视觉媒介、场所精神、交互意识等现代理念及其与传播学、心理学、文化学等学科的跨界联系。全书图文并茂、内容丰富，理论与实践结合，通过解析新颖时尚的商业空间设计案例，探讨设计思路，引导学生关注社会需求，熟练掌握并运用商业空间设计要点和方法，通过设计实践，助力国家文化软件实力的提升。

本书适用于高校环境设计、艺术设计等相关专业教学，也可以作为相关行业人员的参考用书。

图书在版编目（CIP）数据

商业空间设计/张炜，李俊编著. —2版. —北京：化学
工业出版社，2022.5（2025.2重印）
高等院校设计学类专业系列教材
ISBN 978-7-122-40954-6

Ⅰ.①商… Ⅱ.①张…②李… Ⅲ.①商业建筑-室内装饰
设计-高等学校-教材 Ⅳ.①TU247

中国版本图书馆CIP数据核字（2022）第042534号

责任编辑：张　阳 装帧设计：尹琳琳
责任校对：刘曦阳

出版发行：化学工业出版社（北京市东城区青年湖南街13号　邮政编码100011）
印　　装：三河市航远印刷有限公司
787mm×1092mm　1/16　印张13　字数286千字
2025年2月北京第2版第4次印刷

购书咨询：010-64518888 售后服务：010-64518899
网　　址：http://www.cip.com.cn
凡购买本书，如有缺损质量问题，本社销售中心负责调换。

定　　价：69.80元

第二版
前言

　　随着社会经济的发展，人们越来越重视生活体验。推进美丽中国建设，关注人们对美好事物的追求，实现人们追求美好生活的愿望是环境设计专业的教学目标。商业空间设计具有多学科交叉、多专业协调等特征，是环境设计专业的核心课程。商业空间的规划设计与装饰格调能够彰显出当代社会人的情感趣味及日常生活，映射出国民经济发展的现代性，积极推动城乡人居环境的改善。

　　本书是基于国家级一流本科专业建设，以及国家级精品课程、国家级精品资源共享课"环境艺术综合设计"建设，不断优秀凝练而成的成果，自2017年出版至今，已重印8次，受到广大院校师生的普遍认可。时代在进步，环境设计行业在不断与时俱进。为了及时反映产业升级状况，满足行业发展需求，体现新理念、新标准、新知识、新技术、新工艺、新方法，编写团队对书稿进行了修订再版。新版教材紧跟时代，放眼世界，编写内容更加全面系统，案例解析更加典型新颖，项目实践更加翔实合理。在修订过程中，我们遵循教育部有关新文科人才培养要求，注重技术与艺术相结合，注重多学科知识交叉研究，注重构建绿色低碳循环设计体系，注重文化自信等素质培养；扩充了商业空间设计范围，更新了近年来在消防、照明等方面的设计规范要求，更加紧密地结合艺术学、人体工程学、光学、心理学等知识，系统地阐述商业空间设计要素；引导学生掌握商业空间设计内容，特别是设计规律及设计表达，从而更好地处理各类需求不同的商业空间设计项目增强职业责任感、使命感，脚踏实地，守正创新，通过设计实践，不断提高人民的幸福指数，满足人民对美好生活的向往。

　　本书由张炜（山东建筑大学）、李俊（山东省建筑科学研究院）编著。在写作过程中，得到了上海格夫特空间艺术设计有限公司、山东周亚装饰设计有限公司、济南城市红装文化传播有限公司的大力支持与友情协助，研究生王明惠、薛梦萍、韩笑、郭玉荣、赵子淇、高岫、乔运佳、靖莹、杨昕蒙、焦莉、张新玮参与了文稿及图片的整理工作，在此一并表示感谢。由于时间和水平有限，内容难免有所疏漏，敬请各位专家同行及广大读者不吝赐教。

编著者

目录

Contents

3
商业空间的分类

4
商业空间的设计要素

5
商业空间的设计程序

课程设计训练 /198

1

概述

1.1　商业空间概念

1.1.1　商业空间的一般性含义

简单来说，商业通常是指以货币为媒介进行交换从而实现商品流通的经济活动。人类从事商业活动可追溯到原始生产时期，起源于宗教节庆、农事等，开始时是以"以物易物""互通有无"的不定期交易方式进行。随着生产力的发展，不定期的交易方式发展为定期的集市形式。

在古代中国，聚集于渡口、驿站等交通要道处的相对固定的货贩，以及为来往客商提供食宿的客栈构成商业活动的雏形（图1-1-1）。而在西方，城镇中设立的中央露天广场，既作为市场，供人们进行商品交易，又作为公共集会场所，大家在此聚会社交，开展社会活动（图1-1-2）。

> 图1-1-1　中国古代渡口，是重要的港口，也是进行商品交易的场所

> 图1-1-2　圣马可广场，初建于9世纪，既是威尼斯商业活动中心，又是公共集会场所

　　商业的定义有广义与狭义之分。广义的商业是指所有以营利为目的的经济活动，一般可分为售卖食品、服装、家电等产品的销售业；通过对食品加工处理，满足食客饮食需求，并从中获取相应服务收入的餐饮业；为视听、健身、游艺等活动提供服务的娱乐业，等等（图1-1-3～图1-1-5）。而狭义的商业则是指以商人为媒介的商品交换形式，也常用来指与农业、工业相提并论的专门经营商品的营利活动。随着现代信息技术的发展，现代商业出现了线下、线上两种经营模式，甚至出现了两者相互结合的趋势，极大地提高了贸易效率。

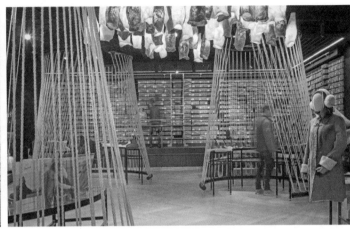

> 图1-1-3　黄色地球服装店

> 图1-1-4　危地马拉城全新门店设计——当时装遇上餐厅

> 图1-1-5　厦门骐骥健身会所

商业空间随着商业活动的发展而逐渐形成，是人类活动空间中最复杂最多元的空间类别之一。广义上可以把商业空间定义为所有与商业活动有关的空间形态。狭义上的商业空间则可理解为当前社会商业活动中所需的空间，即实现商品交换、满足消费者需求、实现商品流通的空间环境。其实即使从狭义概念理解，商业空间也包含了诸多的内容和设计对象，如展览馆、商场、步行街、宾馆、餐饮店、专卖店、美容美发店等提供各类商业活动的空间（图1-1-6～图1-1-8）。然而随着时代的发展，现代意义上的商业空间呈现出多样化、复杂化、科技化和人性化的特征，这一概念也产生了更丰富的内涵和外延。

商业空间设计的目的是，在特定的空间范围内，运用艺术设计语言，通过对空间与平面的精心打造，使其产生独特的空间氛围，同时通过解释产品、宣传主题等与顾客完美沟

> 图1-1-6　越南胡志明市家具展览馆

> 图1-1-7　喜茶（济南万象城店）

> 图1-1-8 某美发沙龙，上海

通，以促进商品的买卖。商业空间不仅是承载商业行为的空间，更是连接生产与消费的桥梁（空间载体）。作为公众重要的购物场所、休闲场所、社交场所的商业空间，与社会文化的变迁以及人们的消费观念、审美情趣、时尚追求等的更新有密切关联，其不仅仅满足公众的物质交流需要，还满足公众获取相关信息的需求以及精神文化等方面的需求。若要了解商业空间环境，就必须了解文化、消费方式和空间环境之间的复杂关系。空间环境实际上是行为的外在延伸，相应地，商业空间也被理解为社会公众交往行为的舞台。因此，在进行商业空间设计时，需要思考公众从事商业活动的环境心理与行为、动态体验以及时空人际互动，这是未来创新商业空间发展的契机。

综上所述，商业空间设计的本质是协调人、物体、空间三者的相互关系。人作为主体，在空间中获得物质和精神上的需求，而空间为物体提供了"存放"的空间，同时，物体也是空间的"构成"部分，大小各异、性质各异的多种物体构成了不同空间，而人与物体在空间当中则是互相交流的关系。由于在空间中作为主体的人是流动的，而物体是固定且多变的，所以，这些影响因子的不同造就了商业空间的多样性、艺术性。

1.1.2 商业空间的视觉媒介

人与人之间信息的相互交流或传达是借助语言来实现的。一个是"听觉传达"，人们之间通过面对面的"有声语言"，或者借助声频、视频等物质手段进行交流；另一个则是"视觉传达"，它作为最主要的交流手段，是通过各种点、线、面、图形、色彩、肌理材质等"视觉语汇"，按照一定的造型法则组织成"视觉语言"来实现交流的。

"视觉语言"一词自包豪斯时代已开始在设计学院及美术界使用。G.凯佩斯（Gyorgy Kepes）在他的《视觉语言》一书的序文中指出："视觉语言统一了人类及人类的智慧……视觉语言可以经由其他的传播媒体而有效地传播知识。"它具有普遍性与国际性。

视觉语言在商业空间中的广泛应用不是偶然的，而是在视觉文化、社会文化、消费文化以及品牌文化等因素的影响下必然的发展趋势。视觉语言的表达是将艺术化的造型观念传播给消费者，利用视觉语言中各要素的逻辑关系来诠释消费者、商品以及空间之间的关系（图1-1-9～图1-1-11）。

> 图1-1-9　台湾黑壁 - 和洋食彩创意料亭

黑壁提供和洋料理，受"健康""休闲"等品牌文化的影响，用桧木建造的纯日式洋楼被茂密的绿竹林层层围绕，形成一片翠绿的天地。竹林、陶缸、桧木、鱼池在料亭内浑然一体、相得益彰，以一个宁静隐蔽的商业空间氛围吸引着各类消费者

> 图1-1-10　巴黎玛莎丽丹百货商店

巴黎玛莎丽丹百货商店的翻新设计：微微起伏的波浪形玻璃表皮把已有百年历史的建筑笼罩于盈盈"水波"之中，明确而又克制地映射着周围的环境，试图与周围建筑的节奏和尺度建立连续性，赋予建筑"新颖、梦幻"的艺术感

> 图1-1-11　伦敦某街区的神奇笑脸商店，大胆地将部分名人肖像放置在橱窗上，以此来吸引路人驻足欣赏

1.1.3 商业空间的场所精神

"场所精神"这一概念是在后现代主义思潮影响下形成的。从通俗意义上讲,"场所"是指活动的处所、地方,如工作场所、公共场所等。对于商业空间而言,场所是由场地和在场地上发生的售卖行为组成的,场所为人们提供了个人和集体活动的空间以及与周围环境互动的机会。《韦氏词典》对"场所精神"有两层解释:"一指场所独特的气氛,二指地方的守护神,强调与守护神相关的场地意识或精神。"在《牛津英语词典》中,"场所精神"指的是"场所独有的气氛与特征",即场所精神是一种总体气氛,是"人的意识和行动在参与的过程中获得的一种场所感",一种有意义的空间感,只有当抽象的物化空间转化为有情感的人化空间时,建筑才能成为真正的建筑。

因此,可以说"场所精神是环境特征集中化和概括化的体现,通过定向和认同,任何场所都可产生互动"。场所是会变迁的,但并不表示场所精神一定会改变。从历史发展的角度看,场所结构具有相对稳定性,但又随着场所的发展而发生变化。

商业空间中的"场所精神"是指为方便人们购物、消费而营造出的商业化氛围。场所精神表达是商业空间的设计要求之一。设计师需要对地域特征和历史文脉有一定的考察与了解,具备对商品文化的独特认识以及对品牌文化的深刻理解,并通过运用各种设计方法和技术手段将其表现出来。

随着社会的发展,消费者不再仅仅满足于"物质的占有",而是希望在此基础上寻求"精神的满足"。国内外一些现代化大型商业场所常常举办文化艺术展览,这些活动使商业与文化之间的界限变得越来越模糊(图1-1-16)。现代商业环境设计不仅是物理环境、空间视觉环境的设计,更是心理环境、文化环境的设计,以帮助消费者在新型商业环境中实现物质、情感上的交流。如图1-1-17所示,韩国化妆品牌悦诗风吟旗舰店的整个设计采用环保理念,参考温室的形态和风格将旗舰店内设计为一个"空中花园",凸起的垂直表面加入了使用环保再生纸制作而成的形似花瓣的元素,日光通过建筑的玻璃顶棚能够全部照进室内。这种风格从室内延伸至室外,在建筑外立面上添加了与室内纸花瓣形态相似的折叠铝制"花瓣"。这些立体折叠的面板由哑光表面的铝制材料制成,自上而下递减的系列"花瓣"中内设LED发光装

> 图1-1-16 具有"剧场"功能的东京服装商店

> 图1-1-17　韩国悦诗风吟旗舰店

置，为店面创造出极具动感的光效。整个商业专卖店设计清新明快，有效地将"环保、自然"理念传播给公众，以增加其购买欲。

1.1.4　商业空间的交互意识

扬·盖尔在《交往与空间》一书中强调空间的社会属性，提出社会交往有助于改善和发展环境的人文质量。书中将公共活动分为如下三类。

① 必要性活动：指人们不同程度地都要参与的所有活动，其发生很少受到物质带来的影响，在一年四季各种条件下都可能进行，与外部环境关系不大，参与者没有选择的余地。如上学、上下班、购物、候车、出差等。

② 自发性活动：只有在人们有参与的意愿，并且在时间、地点均可能的情况下才会发生，如散步、呼吸新鲜空气、驻足观望有趣的事情、坐下来晒太阳等。这些活动通常在外部条件适宜，天气和场所具有吸引力时才会发生。

③ 社会性活动：在公共空间中依赖于他人参与的各种活动，包括儿童嬉戏、互相打招呼、交谈、各类公共活动等被动接触的广泛存在的社会活动。社会性活动可产生于多种场合，如住所、公园和工作场所等。人们在同一空间流连、徜徉，自然引发各种社会性活动，这就意味着只要改善公共空间中必要性活动和自发性活动发生的条件，就会间接地促成社会性活动，实现社会交往。

在商业活动中，商品会吸引一些有共同喜好和经历的购物者。购物既是一种必要性活动，同时也是一种自发性活动。当购物环境不理想时，人们就只进行必要性活动——仅满足购物需求，反之，当购物环境舒适时，人们的必要性活动就会有延长时间的趋势，人们已不再把购物当作简单的消费手段，而是当作一种不可或缺的休闲形式。当购物与休闲行为皆发生时，就实现了社会性活动。现代人逛商场除了传统意义上的购物外，更注重交流感情、放松心情、了解时尚信息，在精神上获得满足并深切体会消费的乐趣。这样现代商业空间就成了一种社会交往空间。

商业活动不纯粹是经济活动，还属于文化活动范畴，因而在商业空间公共性能的构建过程中，可添加社会文化活动，如传统节日、庙会和聚会等。创造有活力的商业环境，需要设计便于开展多种公共活动的社会交往空间，以满足人们不同的活动需求。Prada 纽约专卖店的设计师库哈斯颠覆了传统空间的价值，把街道引入商店中，将文化艺术活动置于主要位置。该设计改变了购物概念，参观者首先面对的是一个斑马木饰面的大波浪，以台阶的形式下降到地下楼层，又在对面升起，最后又旋转而下成为舞台。白天，在台阶上展示鞋子，晚上，观众可以坐在台阶上欣赏演出。在这个商业化的时代，此设计重新考虑了公共活动从购物领域收复失地的可能性，主要空间和宽敞的阶梯属于"街道"的一部分，顾客既可以在这里购物，又可以进行其他多种活动，如休息，浏览商品，观看表演、电影或演讲。产品和顾客的关系被重新思考，这里不再是博物馆式的空间，而是鼓励顾客同商品或顾客之间互动的场所，力图激发顾客多样化的购物体验和社会交往行为（图1-1-18）。

在进行现代城市商业中心设计时，通常会集各种形式的娱乐、购物、餐饮等活动场所于一体，使得各种类型的商业空间设计相互衬托、融合，并且通常会设置一个主题性环境，以使使用者在闲逛中收获意外的喜悦。设计的关注点在公众使用者，而不是仅限于消费者。在这种思路下，把利于交往的公共空间纳入商业空间设计范畴，会激发人们积极参与其中，这样社会交往行为便有了存在的空间基础，交互性的商业空间也得到了进一步突出（图1-1-19）。

> 图1-1-18　Prada 纽约专卖店设计

> 图1-1-19　香港迪士尼乐园，激发游客充分参与整个商业活动，具有极强的交互性

1.2　商业空间相关理论

当今商业环境设计主要强调对空间整体而系统的把握，综合运用消费行为学、环境心理学等学科的研究成果，紧密结合相关技术与手段进行整合设计，注重人的参与和体验，以及空间的尺度和比例，以解决好空间与空间之间的衔接、对比和统一的问题。其中，消费心理与消费行为、环境心理学与商业环境、传播学与商业环境设计是设计者必须了解的基本内容。

1.2.1　消费心理与消费行为

商品的消费空间是商品销售方（经营者）和商品购买方（顾客）的中介。针对购买者的消费心理作出相应的销售对策是商业的必然选择。消费心理与行为活动的过程主要为：被吸引—兴趣—联想—欲望—比较—信赖—行动—满足。消费心理与消费行为是商业空间设计者必须了解与研究的基本内容。

（1）消费心理

消费心理指消费者在寻找、选择、购买、使用、评估和处置与自身相关的产品和服务时所产生的心理活动。消费者的心理倾向往往直接或间接地影响着消费行为，特别是在消费需求动机的支配下，会导致消费者产生一定的购买欲望。而不同类型的消费者的需求目标、消费标准、购物心理有着一定的差距，其选择商品的过程也有所区别。

心理学家 G. W. 阿尔波特等学者根据消费者所持价值观的不同，将其划分为以下6种类型。

理论型消费者：追求真理的人，他们面对事实，关心变化，胸怀宽阔，属于理性消费群体。

经济型消费者：以效用和价值为生活准则，价值意识强，只想买实惠的商品。

审美型消费者：以审美观来衡量商品的价值，喜欢新的、有变化的商品。

社会型消费者：接受他人影响而引起消费动机，在选择倾向上服从集体标准。

权力型消费者：对权力地位表示关心，喜欢选择、炫耀能显示自身优越感的商品。

宗教型消费者：不太受"世俗标准"的约束，只选择符合其信仰的商品或设计。

在商业活动中，不同的价值观必将引起消费者的不同消费行为，当面对琳琅满目的商品时，消费者常常做出不同的消费行为：不易接受新产品；热衷于价廉产品；选择昂贵商品；抢购大众热销产品等。按照消费者不同的消费行为，我们通常将商业活动中的消费心理归纳为以下7种。

① 求新心理。新鲜、新潮的产品往往比较畅销。新鲜事物通常能使消费者产生一种好奇感和新鲜感，更容易在他们的心目中达到"先入为主"的效果，而已有的商品往往使人觉得习以为常，不会给予过多的关注。这类消费者易受广告宣传和影视明星形象的影响。针对这种"喜新厌旧"的消费心理，经营者应尽量设法了解最新流行风尚，以满足消费者的求新欲望。

② 求名心理。有些消费者一般在购买商品时追求名牌，信任名牌，甚至忠诚于名牌，而对其他非名牌的同类商品，往往不屑一顾。此类消费者认为商标是商品质量、性能的标志，能够表明其在市场上已建立的信誉，因此商标的知名度常常成为这类消费者选购商品的决策依据（图1-2-1）。同时，这类消费者通常是高收入者和赶时髦者，他们对商品的品牌非常敏感，某一名牌形象一旦受损，他们就可能放弃购买此类商品，而转向购买另外的名牌商品。求名心理一般较多地表现在人们对汽车、服饰、烟酒等品牌的追求上。新一代的消费者有强烈的品牌意识，对品牌的追求也是比较狂热的，他们很大程度上是为了炫耀、满足虚荣心，以获得他人的羡慕与尊重。

③ 好奇心理。主要是年轻的消费者，他们活泼好动，思维超群，追求新、奇、美，有明显的审美意识、价值取向，其消费品更新速度很快，喜欢追随潮流，更希望引领潮流。他们容易被新奇的事物所吸引，崇尚个性化风格，喜欢标新立异，在购买商品时，特别注重所购商品的与众不同。新奇的商品容易使他们产生强烈的购买兴趣和欲望。

④ 习惯心理。在购买行为中往往凭自己的习惯不加选择地购买商品，主要体现在对日常用品的购买中。在消费者长期使用的商品中，一般都有自己喜爱的或用惯了的某品牌日常用品，一旦需要，消费者往往不假思索地选择惯用品牌（图1-2-2）。

> 图1-2-1　LV东京店、Gucci迈阿密专卖店

> 图1-2-2　生活中的习惯性消费

⑤ 从众心理。指消费者受相关群体购买行为的影响而表现出一种追随大众的行为。受社会因素和心理因素的影响，消费者在购买和使用商品时往往有希望与周围的相关群体保持同步的购买心理。而如果大多数人都抱着一种"你有，我也要有"的心理，便会导致随波逐流的跟风消费现象产生。

⑥ 求美心理。商品都有其特定的包装，而消费者在选购商品时首先看到的就是这一部分。求美心理即对美的产品的追求。"爱美之心人皆有之"，这是一种长盛不衰的购买心理。造型独特、新颖、精美的包装可以起到"沉默的推销员"的作用。当包装满足消费者的审美需求时，有时即使是消费者本身并不需要的商品，但由于它的美观包装，大家也想把它占为己有（图1-2-3）。

> 图1-2-3　伦敦LV专卖店，不仅品牌商标吸引着消费者的购买行为，同时商品精美独特的包装也十分吸引人

⑦ 求廉心理。在消费者心目中，对商品常有一种主观的估价，即消费者理解中的商品价值与价格，也称预期价格。这个预期往往是一个定价范围，定价如果超出了预期值，消费者会嫌贵，而低于这个范围又会怀疑产品的质量。当消费者无法分辨产品的品质时，常用价格来评价，于是就会出现商品价格低廉并不一定促销，而价格高也不一定滞销的情况。适宜的价格才会给消费者带来安全感，使消费者放心消费。求廉心理指的是一些消费者总是在寻找物美价廉的商品，其对价格最为敏感，减价、打折、优惠、赠送等促销手段对他们非常有效。这类消费者多为收入水平较低者或者中老年人。

上述消费心理在商业活动进行中并不是完全独立的，通常会互相交叉出现。一般来说，消费者在购买商品时往往会被这7种消费心理影响，甚至更多。消费心理直接影响消费者的购买行为，在营造商业空间氛围时要适当迎合人们的消费心理展开设计，以便符合市场营销策略。

（2）消费行为

消费行为是指消费者寻找、购买、使用和评价用来满足自身需求的商品和劳务所表现出的一切脑体活动。产生消费行为的主要原因有两个方面：一是生活水平提高，消费者有了一定的购置计划，产生了主动购买欲；二是在广告等的引导下或是在休闲购物活动中，顾客被商品所吸引并产生一定兴趣，对其产生使用效率、美观适用方面的联想，进而产生购买欲望。

顾客购买商品时的情绪、心理变化主要发生在购物现场，顾客的情绪会随着环境的改变而变化。优美的环境最容易激起顾客的兴奋感与认同感，从而使其产生消费冲动，加上商品本身对人情绪的影响，会促使顾客产生积极的购物行为。产品企业与商业机构常常通过精美、生动的橱窗陈列展示商品，利用商业广告等相应策略推销商品、宣传商品。他们不仅把自己的产品介绍给顾客，而且将产品质量、企业实力等信息也一并呈现给顾客。商家还通过提高服务水准、店家信誉，讲究待客艺术、陈列艺术、包装艺术等增加商品吸引力（图1-2-4、图1-2-5）。

> 图1-2-4 创意橱窗设计，将胶囊咖啡做成拉链的样子，令人印象深刻

> 图1-2-5 Penhaligon's旗舰精品店，通过强烈的色彩与精美的陈设来吸引顾客、推销商品

对消费心理和消费行为研究的目的在于以顾客消费需求为中心进行设计，通过营造商业环境给予消费者一定的"归属感"，从而吸引特定的消费群体。在设计商业空间的过程中，在满足消费者购物需求的同时，要注重把握其心理，选择恰当的环境设施，使设计方案个性化。

1.2.2 环境心理学与商业环境

环境心理学是研究环境与人的行为之间相互关系的学科，它着重从心理学和行为学的角度探讨人与环境的最优关系，重视生活于人工环境中人们的心理倾向。对商业空间设计来说，如何组织空间，设计好界面、色彩和光照，处理好整体环境关系，使之符合人们的心理需求，使环境更好地服务于消费者，是设计的关键。

（1）商业空间设计中相关的环境心理学因素

① 领域性与人际距离。领域性指个人或群体为满足某种需要，拥有或占用一个场所或区域，并对其加以人格化和防卫等。该场所或区域就是拥有或占用它的个人或群体的领域。人

与动物虽然在语言表达、理性思考、意志决策与社会交往等方面有本质的区别，但人在进行室内环境中的生活、生产等活动时，同样渴望其活动不被外界干扰或妨碍。不同的活动有其必需的生理和心理范围与领域。

各类环境中的个人空间设计要结合人际交流和接触时所需要的距离综合考虑。赫尔以对动物的生存环境和行为的研究经验为基础，提出了人际距离的概念，根据人际关系的密切程度、行为特征确定人际距离，将其分为：密切距离、个体距离、社会距离和公众距离。如图1-2-6所示，人际距离中，密切距离在0～45cm之间；个体距离在45～120cm之间；社会距离在120～360cm之间；而公众距离则要大于360cm。每类距离根据不同的行为形制再分为接近相与远方相。例如在密切距离中，亲密、对对方有嗅觉和辐射热感觉的为接近相；可与对方接触握手的为远方相。另外，依据不同的民族、信仰、性别、职业和文化程度等，人际距离也会有所不同。

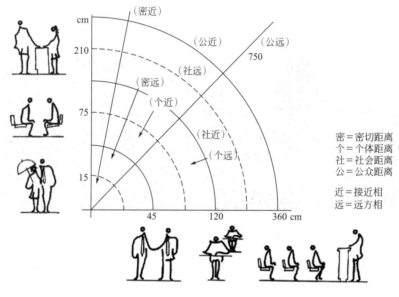

> 图1-2-6 人际距离空间分类

② 私密性与尽端趋向。如果说领域性主要在于空间范围，那么私密性则涉及在相应空间范围内包括视线、声音等方面的隔绝要求，其在室内空间中的要求更为突出。例如，人们对餐厅中餐桌座位的选择，大多不愿意选择近门处及人流频繁通过处的座位，而靠墙的座位则受人欢迎。因此在设计餐厅类商业空间时要尽可能形成更多的尽端，以符合散客就餐时对于尽端趋向的心理要求（图1-2-7）。

③ 利用依托物寻找安全感。对于人们生活的室内空间，并不是越开阔越宽广越好，在大型室内空间人们通常更希望有依托物体。如图1-2-8所示，在火车站候车厅这样宽敞的空间中，候车的人们更愿意待在柱子附近，以寻找一定的安全感，且人群相对散落地汇集在室内，适当与人流通道保持距离。在商业空间设计时，常会在空旷的空间设置树桩、柱子、装置等依托物，以营造安全舒适的氛围（图1-2-9）。

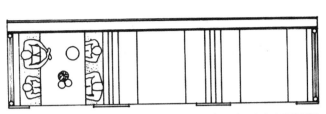

餐厅设置卡座（车厢座）形成了许多"局部尽端"

> 图1-2-7 尽端趋向心理要求在餐厅卡座设计中的体现

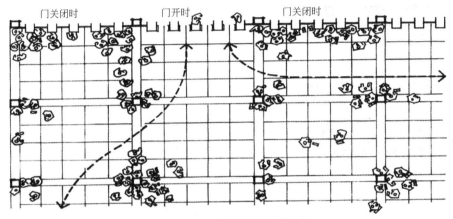

> 图1-2-8 日本某火车站候车厅

> 图1-2-9 Tapa Tapa 西班牙餐厅

④ 从众性与趋光心理。在一些公共场所内发生的非常事故中往往能发现这样的从众心理，就是在紧急情况下大多数人们会第一反应地跟随人群急速跑动的去向，而不是理智地找寻安全疏散口。另外，人们在室内空间活动时，具有从暗处往较明亮处运动的趋向，紧急情况下照明引导会优于图文引导。因此，在设计商业空间时，设计师应密切关注消费者的从众性及趋光心理特征，合理营造消费者的聚集区域，适度引导以方便其购物，同时还需关注照明导向的布设，以便提高消费者的关注度。

⑤ 空间形状给人的心理感受。由各个界面围合而成的空间，其形状特征常会给活动在其中的人们带来不同的心理感受。通常三角形的空间常给人以动态和富有变化的心理感受，矩形的空间可以给人稳定的方向感，不规则的几何形体给人以不稳定、变化、不规整的感觉，

> 图1-2-10 普罗旺斯地区艾克斯音乐学院

等等。因此，营造商业空间氛围时，设计师应根据不同的心理感受进行合理的空间布局和设计，以适应不同消费者的心理需求（图1-2-10）。

（2）环境心理学原理在商业空间设计中的应用

环境心理学原理在商业空间设计中应用极广，设计过程中应注意以下几点。

① 商业空间设计应符合人们的心理特征和行为模式。在当今社会，顾客的购物行为已从单一的购买行为发展为购物、游览、休闲、获取信息以及服务等复合性行为。为方便顾客挑选商品、感受购物乐趣，现代商场处处体现出人性化的设计理念，除了座椅，还不同程度地增设了游乐、代管幼儿等基本服务设施（图1-2-11）。

② 注重环境认知和心理行为模式对空间组织的提示。消费者对环境的认知是感觉器官和大脑共同作用的结果。在商业空间设计中，通过研究环境认知和心理行为模式的相关内容，设计者能够从使用功能、人体尺度

> 图1-2-11 L'Aljub 购物中心游乐场，西班牙

等基本设计依据出发，在组织空间、确定尺度范围和形状、选择照明和色调等方面获得更为深入的心理提示。

③ 充分考虑使用者的个性与环境的相互关系。环境心理学从总体上既肯定人们对外界环境的认知有相同或类似的反应，同时也十分重视使用者对环境设计提出的个性化要求。商业空间设计应适当地利用环境对人们消费行为的引导、对个性消费的影响，以及在一定程度上的相互制约，辩证地呈现出人们消费过程中对个性的追求以及与环境之间的互动关系（图1-2-12）。

> 图1-2-12　SHOWNI服装店，苏州

1.2.3　传播学与商业环境设计

传播学是研究人类社会传播活动及其规律的一门学科，它具有交叉性、边缘性、综合性等特点，实际上它也是研究人与空间、人与人之间关系的一种方法。商业环境由原始的地摊逐步发展为今天的空间设计和环境事件策划，其中汇聚着各类信息和情感体验，其传播过程具有整体性，整个系统的各个相关要素之间是相互联系、密不可分的，传播活动始终处于不断的变动之中。传播系统是由传播者、受传者、信息以及受传者的各种行为所构成的整体，任何环节的改变都会对整个传播过程产生影响。在商业环境中，完整的传播过程主要包括四个要素：传播主体、受传者、传播内容和传播媒介。

传播主体：主动传播信息者是传播行为的主体。根据商业空间设计中传播者复合性的特点，可将其分为直接传播者和间接传播者。传播者在商业空间环境的设计过程中充当"把关人"的角色，并为促成信息的有效传播提出相应的传播策略。

受传者：一般为接收信息的顾客，即商业活动中的消费者。受传者并不是被动的接受者，而是积极主动的参与者，其选择信息的主要心理因素包括自身的需要、关注和接受。

传播内容：商业空间设计包括对店面空间功能以及商品意义等的传播与传达。传播者选择传播内容一方面要考虑受传者的知识体系，只有内容易被受传者接受，才能有效提高传播效果；另一方面，必须注重信息的反馈，及时调查和控制传播行为，使传播过程通畅、信息交流顺利。同时，信息传播是否成功，还依赖于设计师和受众者之间是否能够达成设计共鸣。

传播媒介：商业空间及其构成的诸多因素是传播过程中最直接的媒介。设计师应结合消费者的心理，充分把握商业环境作为媒介的设计规律。同时，媒介的变革也会对空间设计产生极大影响，将为设计带来新的机遇和挑战。

如Bohlin Cywinski Jackson设计的苹果纽约世贸中心店（图1-2-13），店内布局顺沿建筑的内部结构，天花板的分封尺寸对应钢结构的柱子间距，16个落地玻璃门全部打开后直接连接公共中庭，能更好地吸引路人进入。漫反射的灯膜盒让整个店内简洁明亮，室内中心设置木材质的方形桌椅，顾客在此既可以体验一系列产品性能，又可以参加商品的社区研讨会。为进行产品演示和娱乐，传播产品商业信息，在商店的东墙附近设置了可移动立方体座椅、大型6K视频屏幕等。整个商业空间将简洁的现代主义设计手法和尖端技术相结合，营造出科技、时尚、高端的商业氛围，引起顾客的共鸣，从而增强其购买欲望，促使其实施购买行为。

> 图1-2-13 苹果纽约世贸中心店

设计师、顾客、传播内容和传播媒介的协调统一成为商业空间设计中的关键。新颖的造型形象和铺天而来的信息是吸引顾客进入商业空间的重要因素，然而顾客却也常常陷于一种矛盾之中，由于时尚性与可理解性的反比关系，当新颖时尚超出人们接受限度时，理解就会变得困难。因此，商业环境设计中，信息的有效传播必须建立在对传播内容、受传者、传播主体深刻理解的基础之上。

1.3　商业空间设计的历史沿革

商业起源于原始的交换行为。在原始社会的生产力发展到一定阶段时，原始人类的生活和生产资料产生了交换的需求。在交换的过程中，物品的陈设和交易就成了必不可少的环节。又由于不同地域的自然条件和生产技术的改变导致剩余产品的产生，人们把这些剩余产品与其他人不断地进行交换，商业便由此发展起来。

1.3.1　我国商业空间的发展历史

我国形成固定的商业活动场所大致在新石器晚期。《周易·系辞》对神农创市做了具体记述，神农氏时，"日中为市，致天下之民，聚天下之货，交易而退，各得其所"。这里的"市"就是一种露天交易场所。作为商品交易中的市，在《考工记·匠人》中已见端倪，"匠人营国，方九里，旁三门……面朝后市"。意思是，北面是宫殿与官署建筑群，南面是商业区——市的所在。在物与物的交换过程中，物品的陈设与展示也就成为最初的商品交换过程中的一个重要环节。《诗·卫风·氓》中提到的"氓之蚩蚩，抱布贸丝"，描述了原始社会晚期人们进行物物交换的情景。为促成这种交换，人们有意识地展示物品的质量，促成了人类历史上最早的商业展示形式。这种交换大大促进了商品生产和流通，更促进了社会分工、商业发展，并形成了最初的商业环境——集市。在集市贸易上，人们将各自的商品展示在一定的场所内，供人选购，甚至为这种展示制作一定的道具，如货架、货箱等，以更好地陈设商品。

我国先秦时期的市，大多是原始市场，故有"市，朝则满，夕则虚"的说法。汉代城市商业较先秦发达，市的数量和规模扩大。汉代都城长安有九市，其中"六市在道西，三市在道东。凡四里为一市"。按照《周礼》的记载，早期的商业是在以"市"为核心的一个共同体中运行的。这种交易方式开始是不定期的，后来逐渐发展为定期的集市形式，这种集市逐渐以"赶集"和"庙会"等形式固定下来。而聚集于渡口、驿站、通衢等交通要道处的固定货贩以及为来往客商提供食宿的客栈成为固定商铺的原型。

西汉时期，张骞出使西域开辟了丝绸之路（图1-3-1）。汉朝末期，丝绸之路一度因为

> 图1-3-1　古代丝绸之路路线

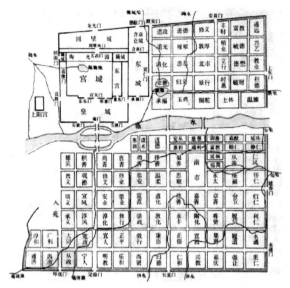

> 图1-3-2　唐代里坊制度的基本格局

战乱而不甚畅通，直到大唐时期重新将其完全打通，并发展到顶峰。丝绸之路是一条横贯亚洲、连接欧亚大陆的著名古代陆上商贸通道。在历史上，丝绸、瓷器、铁器、金银器、镜子和其他豪华制品，以及中国先进的生产技术、文化艺术等曾经沿着这条大道通过精明的阿拉伯商人不断地流传到了中亚、西亚乃至更远的欧洲。商队主要运往中国的则是稀有动物、植物、皮货、药材、香料、珠宝首饰。频繁的商业活动促使沿途各地建立了诸多商业交易场所，大大带动了中国与其他地区的文化和经济交流。

到了唐代，里坊制度（图1-3-2）发展得已十分成熟。白居易曾用诗生动地描述了长安城的概貌："百千家似围棋局，十二街如种菜畦。"但是随着人口的增加和商品交换需求的扩大，限时交易的封闭型里坊制度已不能适应城市的发展。从唐中期开始，里坊制度已发生松弛、裂变。当时，商业不再限制在专门的商业区，许多坊中出现了市场、店铺、作坊。如长安出现了"昼夜喧呼，灯火不绝"的"要闹坊曲"。值得注意的是，"行"这种以行头为首的行业组织，逐步打破了"市区"的限制。行会的产生是当时社会分工和商品经济发展的结果，对严密封闭的里坊制度是一次大的冲击。中唐以后，私自拆毁坊墙、临街开门的现象时有发生，这些都预示着里坊制度崩溃的时代即将来临。

在宋代，封闭性的里坊制度正式宣告结束。北宋都城汴京（今开封）的商业区"市"与居民区"坊"已没有严明界限。到北宋中期，开封城的街道变迁，已完成了"坊内店肆—临街店肆、侵街店肆—夹街店肆"的演变过程。宋朝以后，随着商品经济的蓬勃发展，冲破市制的临街设店演变成行、市结合的商业布局。这一变化使城市中的大小商店冲破了市的封锁，遍布城内街头巷尾，形成了新的商业空间，凸显了商业在城市生活中的重要作用，使商业活动更为开放、自由，极大促进了商品经济的发展。一些店铺、行会组织为了促销，开始注意宣传形象的展示。从《清明上河图》中可以看到当时的店铺主人通过实物陈列和口头叫卖招揽顾客的情景（图1-3-3），这是商业活动发展到一定时期后必然出现的设计形态。

辽代商业物质基础雄厚，其剩余产品投放市场便成为商品。辽代交通发达，既有辽宋驿路、辽夏直道、辽与五国部的"鹰路"，又有草原丝绸之路和水路，为辽代商业的发展提供了交通保障。辽代境内的商业覆盖了五京及其州县，同时在斡鲁朵、部族、头下军州、驿路旁都有商贸活动，可谓商业网点遍布，使得行会组织和集市贸易得以迅速发展。

元代实现了国家的空前统一，为经济的进一步发展奠定了基础；重新疏浚了大运河，疏

> 图1-3-3 《清明上河图》局部，生动地描绘了北宋汴梁的商业生活场景

浚后的大运河从杭州直达大都；开辟了海运，海运从长江口的刘家港出发，经黄海、渤海抵达直沽；元政府还在各地遍设驿站；横跨欧亚的陆上丝绸之路也重新繁荣起来，这些都促使元代商业继续繁荣。元代的大都是政治、文化中心，也是繁华的国际商业大都会。东欧、中亚，非洲海岸，日本、朝鲜，以及南洋各地，都有商队来到大都。城内各种集市达三十多处，居民不下十万户。国内外各种商品川流不息地汇聚于此。据说每天仅运入城中的丝即达到千车。绍兴是南方最大的商业和手工业中心，"贸易之巨，无人能言其数"。泉州是元代对外贸易的重要港口，经常有百艘以上的海船在此停泊，外国旅行家誉之为"世界第一大港"。元政府在这里设有市舶司，严密控制对外贸易。

明清之际，传统手工作坊逐渐发展成小型店铺，最终发展为专业的综合店铺。明清的商业发展，首先表现为商业市场的扩大。由于社会分工的变化，商品市场的扩大，商品流通突破了狭小的区域范围，在全国兴盛起来，如北方河间商人的经营范围扩大到了徽州，"河间行货之商，皆贩缯，贩粟，贩盐、铁、木植之人。贩缯者，至自南京、苏州、临清；贩粟者，至自卫辉、磁州并天津沿河一带，间以年之丰歉……至自饶州、徽州"。可见当时商品流通的地域之广。在商品流通的同时，形成了带有地域特色的商人集团。这些商人集团拥有大量的资本，财富积累雄厚，经营范围十分广泛，徽商和晋商是其中最著名的代表。明清城市的街市繁华且店铺繁多，作为当时政治、经济中心的北京、南京和江南苏杭地区更是繁华。如北京同仁堂等著名老字号店铺就在这一时期诞生（图1-3-4）。著名的还有广州十三行（图1-3-5），又叫"洋行"或"洋货行"，设立于1685年，是清政府指定专营对外贸易的垄断机构。康熙二十四年开放海禁后，清廷分别在广东、福建、浙江和江苏四省设立对外贸易口岸。而作为建筑实体的十三行街则是珠江江畔的一座封闭的小城镇，人为地严格与外界隔离，内中除夷馆、洋行外，尚有无数小杂货店、钱店、故衣（刺绣）店之类。清初的诗人屈大均在《广州竹枝词》中有云："洋船争出是官商，十字门开向二洋；五丝八丝广缎好，银钱堆满十三行。"足见当年十三行的兴隆旺景。

> 图1-3-4 北京同仁堂老照片

> 图1-3-5 广州十三行

1840年鸦片战争爆发，中国开始沦为半殖民地半封建社会。鸦片战争后，随着对外贸易的发展，国内市场扩大。这主要是由于洋纱、洋布等商品的输入破坏了农民原有的自给自足的经济，茶、丝等的大量出口促进了农村商品的生产。不过，直到1894年甲午战争前的半个世纪，主要农产品的商品量增长不过半倍，茶、丝也只增长一倍左右。但市场结构已发生变化，各地区贸易中心向通商口岸转移，机器工业品开始占重要地位，并且受西方19世纪70年代的技术革新的影响，国内工业品价格出现下降。19世纪末帝国主义列强在沿海通商口岸陆续兴建大量银行、饭馆、洋行等商业服务建筑，并将"百货公司大楼"这一经销各种百货的全盘西化的"综合大楼"形式引入中国，如哈尔滨的秋林商行、天津的中原公司等（图1-3-6、图1-3-7）。商业街也迅速发展，如上海外滩、武汉歆生路商业区。上海外滩位于上海市中心黄浦区的黄浦江畔，即外黄浦滩，1844年（清道光廿四年）起这一带被划为英国租界，成为上海十里洋场的真实写照，也是旧上海租界区以及整个上海近代城市开始的起点（图1-3-8）。

19世纪90年代以后，国际贸易额急剧增长，加之内河轮船的发展和铁路的兴修，国内市场迅速扩大。到20世纪初，一个从通商口岸到内地农村的商业网逐渐形成。进口商品由口岸的洋行、买办卖给批发字号，再由客帮、转运商运往内地，转发农村。出口商品由农村小贩、城镇货栈集中，经转运商贩往口岸，再由行栈卖给洋行。这就把原有的传统商业，包括

> 图1-3-6　哈尔滨秋林商行

> 图1-3-7　天津中原公司

> 图1-3-8　上海外滩

封建性很强的地主商业、行会商业、牙行等也都组织起来，形成半殖民地半封建的商业网。同时，许多商业步行街得以发展壮大。上海的南京路（图1-3-9）是上海开埠后最早建立的一条商业街，一直以来被誉为"中华商业第一街"，素有"十里南京路，一个步行街"的称号，路旁遍布着各种上海老字号商店及商城（图1-3-9）。北京王府井大街是北京最有名的商业街，包容古老的商业文明，创立了闻名天下的许多中华老字号，如东来顺饭庄、全素斋食品、同升和鞋店、建华皮货服装公司等（图1-3-10）。老青岛著名的商业中心——中山路的商业格局形成了洋行与华人店铺分踞南北的局势，拥有许多著名的老字号商铺，如曾经香气四溢的春和楼、家喻户晓的宏仁堂大药房、百年老店福生德茶庄，还有名冠中华的亨德利钟表店等（图1-3-11）。

> 图1-3-9　上海南京路老照片及现状

> 图1-3-10　王府井百货大楼及步行街

> 图1-3-11　青岛中山路代表性商铺

进入20世纪20年代，传统商业仍占很大比重，但它们也不同程度地被资本主义化了：在粮行、药材行、绸缎行中都出现了合股公司组织；盐商已不居重要地位；牙行制度有所改变和削弱。

20世纪40年代，沪、津、汉口等城市的租界区基本形成，西方建筑形式已在中国扎根，并逐渐为中国社会所接受。这些城市也逐渐发展成中国最主要的商埠城市。这一时期，商业空间也得到了迅速的发展，并涌现出了一些新的类型与形式。劝业场是西方近代综合性百货大商场在中国的表现形式，它是在我国传统市场基础上，效法国外陈列和推销商品的经营手段，采用新的结构和样式发展起来的一种集购物、餐饮、娱乐于一体的多功能、综合性经营市场，如武昌旧城区的西湖劝业场、天津法租界的劝业场、青岛市场三路的中日合资公立市场等（图1-3-12）。

从新中国成立初期到改革开放前，我国生产力水平较低，物质基础比较薄弱。但在新中国建立后，我国有计划地设置国有批发企业和零售企业，逐步建立和发展国有商业的管理机构和商品流通体系，合作社这类商业模式也相继出现。

到了20世纪80年代末90年代初，改革开放的成果极大地推动了我国经济、文化和城市建设等方面的发展。在这种背景下，各地陆续建造了一大批具有现代化气息的商店。这些商店多采用先进的建筑技术和材料，能容纳大量商品及活动客流。这些商店的建成对传统商店带来了很大的冲击，成为各地商业街区的主体商店，对形成城市主要商业中心起到决定性作用，并推动了我国商业贸易的发展（图1-3-13）。

20世纪90年代以来，随着人们生活和出行方式、消费观念和商品营销管理模式的变化，新型的多元化商业空间和大型综合性购物中心得到了较好发展。近年来，我国的商业设施和环境都有了较大的变化。在市场经济中，日趋激烈的商业竞争所促成的营销策略的发展和社会背景、城市状况的迅速变化，使得当今的商业中心已不同于昔日的百货商店、服务门市部，现代商业环境在规划布局、建筑特点、空间组合、经营方式、设施条件及休闲娱乐等功能设计上均有了更大的发展。

> 图1-3-12 天津劝业场

> 图1-3-13 20世纪80年代商店形式

> 图1-3-14   北京三里屯和南昌铜锣湾T16购物中心

目前中国的商业环境，在社会经济体制的不断改革中，正发生着巨大而深刻的变化，形成了一个开放、舒适、多元、多层次、有计划、有竞争的商品市场（图1-3-14）。

商业环境的变化与发展，既影响着人民生活的需求，也关系到生产企业的兴衰成败。社会分工的日趋专门化，城市人口的大量增加，以及人们生活需求的多方位扩展和消费观念的改变，增强了人们对商品的需求和依赖，从而使购物行为成了人们日常生活中不可缺少的内容。商业空间已经成为人们生活活动范围中的一部分，随着购物频率的提高、光顾商店时滞留时间的延长，人们不但对商品本身的兴趣增加，而且对购物环境也提出了新的要求和期望。

1.3.2　欧洲商业空间的发展历史

与中国古代类似，西方手工艺人和商人最早也往往是将住宅一层的房子作为店铺来使用。英国乔治王朝时期的城镇商店前，还常带有很大且弯曲的玻璃窗和漂亮的招牌，引导人们入内，内部排列着架子和柜子，里面陈列着将要出售的货物。

与中国不同的是，欧洲的城市很多是在商业发展的基础上建立起来的。相对于中国古代的里坊制城市，欧洲古代城市多具有开放式的城市空间，如广场和街道。而开放式的街道空间也为商业活动提供了场所。罗马时期，城市的商业格局也是以商业街道和商业广场为主的开放式空间。

早在公元前4世纪末，一些希腊城邦国家已经出现相当成形的、由公共建筑围合成的广场原型——agora。它是在方形住宅区街廊的中央，由神庙、集会堂与长廊围合而成的广场空间，面向远方开敞的海港。后来，以这种agora的形式为基础产生了专业市场。随着市场的扩大，手工业也开始向市场附近集中。在古代雅典城内，已有制陶、冶金、制革、制灯、乐器、制盾、裁缝等行业出现。

西方城镇常有一个中央露天广场，它既作为市场，又是公共集会场所。作为商业用房，柱廊常常在广场的一边，后面有许多小的房间作为商店贮藏或工作空间。在雅典广场上的阿塔罗斯柱廊内部（图1-3-15），被称为敞廊的区域，有一列爱奥尼柱子在中间支撑着木屋顶，旁边的门通向房间，房间是给商人作为餐饮和贮藏空间使用的，货物都放在敞廊中销售。罗马的世俗性建筑类型也包括有用拱顶覆盖的厅堂式市场，如图拉真市场（图1-3-16）。其大厅宽阔，两边都有门窗通向不同的商店，上层的廊道通向附属的酒店。这座大厅仅仅是商业建筑群的一部分，整个商业建筑群还包括一座巴西利卡法庭、广场和其他一些公用建筑，并配有仓库以适应城市的商业服务需要。至今，在欧洲许多古老的城镇和城市中仍能看到木屋顶大厅等大型商业用房的身影。它们各边都带有开场拱券，当时用来作为非露天交易场所。例如法国克勒莫的市场大厅，自初建以来，木屋顶虽已重建过很多次，但它仍保留了许多欧洲市场大厅屋顶的经典形式。大厅的开间常常位于中间，略高于两侧的开间，在赶集日子里，农民与商人可以在大厅里设铺摆摊做买卖。同时，大厅也成为他们的庇护之所，让他们免受烈日和暴雨的侵袭。此外还有古罗马浴场，古罗马人到浴场来，不单是为洗澡。他们可以在这里商量买卖，和解讼事，等等。罗马帝国时期，大型的皇家浴场又增设图书馆、讲演厅和商店等，附属房间也更多，还有很大的储水池（图1-3-17）。

> 图1-3-15　雅典广场上的阿塔罗斯柱廊

> 图1-3-16　罗马图拉真市场

> 图1-3-17　古罗马浴场，公元200年初步建成

西罗马帝国灭亡后，欧洲陷入黑暗，旧有的城市大都衰落了。直到公元10世纪，随着新式轮犁的普及，自给自足的庄园经济开始解体，商业开始有了较大的发展空间。公元9～11世纪，地中海沿岸的一些城市首先活跃起来，最著名的有意大利的威尼斯和热那亚，这些城市对内对外贸易都很发达。公元11、12世纪，欧洲各地城市普遍重新兴起。法国的马赛和巴黎、英国的伦敦、德意志的科隆、捷克的布拉格都很著名。不少新的工商业中心是在罗马帝国城市的旧址上成长起来的，也有许多新兴城市。

公元13世纪时，随着商业活动的深入发展，商人们为了保护自己的利益，成立了各种各样的团体。城市中从事同样工作的人成立了本行业的行会。城市之间为了协调立场，保护共同利益，也成立了各种各样的行会联盟。其中，最具有代表性和影响力的就是德意志北部各城市成立的汉萨同盟。

14世纪时，城市主要的商业空间是集市。集市是商人们定期集会的场所，是商品交易的中心，特别是批发交易的中心。在形式上，很多集市也采用了城市广场的形式，或者是借用了以前的教会广场、集会广场，如意大利的一些城市；或者直接为商业活动兴建城市广场，如东欧和中欧的一些新兴城市。而且随着商业的发展，在一些城市还形成根据商品不同而分开交易的专门市场。中世纪欧洲工商城市的复兴，为欧洲资本主义的萌芽提供了环境。

15世纪，新航路的开辟对整个欧洲商业产生了深远的影响。在欧洲北部，环大西洋的港口迅速发展繁荣起来。16、17世纪，由于商业规模扩大，商品种类增加，商业经营方式从原来简单的商品交易向股份公司、证券交易所等复杂的经营模式转化。商贸中心也随着新航路的开辟，从原来的地中海区域转移到了大西洋沿岸，意大利的商业地位逐渐被西班牙、葡萄牙、英国和尼德兰所取代。18世纪，欧洲产业革命兴起，海外贸易兴隆。

另外，西方在技术方面的进步也较为明显地影响着商业环境。19世纪，各种用途的铁结构在商业环境中得到普遍应用，大大改变了空间的形态及其给人的体验感。例如为1889年巴黎世界博览会而建的展馆。19世纪以前，西方零售商业基本上与中国的情况相似，由各种家庭作坊式小型店铺组成。19世纪中叶，西方爆发了工业革命，改变了人们的生活方式，商业活动也迅速地繁荣起来。百货商店是现代商业空间最初的形式，最早起源于1852年的法国巴黎，它的产生被称为零售业的第一次革命。欧洲商铺总体呈现出总量模式趋于精准化、业态模式趋于多元化、空间模式趋于分散且多中心结构的特点。商铺商业业态既有大众型，也有特色和高端型，既有原生型，也接受外来新型业态，共生共融。

城市与商业环境是相伴而行的，随着城市的膨胀，城市中心区发展起来，用于进行商业活动。高租金和高地价使房地产主意识到他们的所得受出租空间大小的限制，于是，他们希望向高层空间发展。渥太华国会大厦的室内公共部分就包括了宽敞的电梯厅，以及拱廊、楼梯和阳台，细部处理成奇特的，而且是哥特与拜占庭风格混合的效果。建筑外部采用了哥特风格，在其公用大厅内，则采用了拜占庭式细部，空间中的垂直线条、窗花格以及小尖塔元素构成了一座"商业大教堂"。

随着城市公共生活的丰富，商业空间也开始多功能化。纽约巴特利公园城的世界金融中心，作为对1851年伦敦水晶宫的仿效，设计者设计了一个可以作为音乐厅、展览馆等多功能的大空间，成为联结周围各类商店的中庭空间（图1-3-18）。

> 图1-3-18　世界金融中心冬季花园，位于纽约巴特利公园城，1980～1988年建造

19世纪末到20世纪初，艺术以前所未有的速度和广阔幅度发展起来，欧洲服装制造业兴起，在一定程度上影响了商业空间的发展，商业空间趋于与艺术结合，开始注意形式美感。巴塞罗那的一幢欧式风格建筑——Loewe巴塞罗那旗舰店成了巴塞罗那式现代风格的地标性建筑。店铺入口为拱门造型，设有花朵形状的装饰，艺术感很强（图1-3-19）。

20世纪前半叶随着汽车时代的到来，欧洲城市出现了交通拥挤、空气污染等城市环境问题。伴随着人本主义思潮的兴起，人们对步行安全、社会公平以及社会交往的呼声日益高涨，加之20世纪70年代爆发的石油危机，最终促成了公共政策和规划设计等技术领域的变革，催生了"步行街""步行区域""步行城市"等一系列的规划设计理念及相关政策。后来人们发现，步行街的出现不但缓解了城市环境和交通问题，还促进了市区商业经济的复兴。至此，真正意义上的商业步行街诞生了。如巴黎香榭丽舍大街（图1-3-20）、英国伦敦牛津街（图1-3-21）。

随着时代的进步，近现代商业空间批判地继承前人的成就，不断地突破、创新和发展，逐渐形成完整的体系。在这个过程中，经历了从偏重经济法则支配下的商业空间结构，向关注消费者和经营者的行为、社会经济属性、制度框架、文化差异等影响下的商业空间结构的转变，同时也体现了从封闭的、孤立的、单一的商业空间到开放的、联系的、多元的商业空间的过渡。如英国伯明翰斗牛场购物中心，室外广场、步行街和室内中庭共同交织成公共活动空间网络，带动了整个区域的商业活力。为了有效地与城市道路结合，最大限度地引入购物者，在设计上充分考虑与城市周围的步行街、广场、停车场上的步行人流衔接，从各个方向和层面引入人

> 图1-3-19 Loewe巴塞罗那旗舰店，1902年建成

> 图1-3-20 香榭丽舍大街

> 图1-3-21 英国伦敦牛津街

> 图1-3-22　英国伯明翰斗牛场购物中心

流。室内空间多采用曲线元素，层次丰富，动感十足，很好地烘托了商业气氛（图1-3-22）。

课题思考

1.当今科学技术的发展对商业空间设计的影响有哪些？

2.谈谈消费心理与行为、消费理念与需求在商业空间功能布局、交通流线划分、材料色彩运用等方面的体现。

3.以西安、佛罗伦萨两城市为例，谈谈中西方商业经营形式如何影响城市布局。

2

商业空间的设计原则

随着人类社会的不断进步和市场经济的迅速发展，现代商业空间的综合功能和规模在不断地扩大，人们不再只满足于商业空间功能和物质上的需求，而是对商业环境及其对人的精神影响提出了更高的要求。从"物"的消费空间向"精神"体验空间转化是现代商业空间设计的趋势，人们把商业购物空间视为生活的"舞台"。在一些大型商业空间中，观景电梯、园林绿化、装饰照明等组成了交通、观赏、娱乐、休息、购物的序列，将复杂多变的商业柜组编织成有机联系的整体，使人们在购物过程中的行为与艺术共享兼容，从而进一步丰富了现代生活的内涵。

现代商业空间强调空间的休闲功能，单纯的消费空间已不再是人们所期待的理想场所，人们正在创造集办公、娱乐、购物、社交、居住于一体的综合性商业空间。提高商业空间的信息获取效率是现代生活的要求。在当代商业空间中，如果没有先进的情报传递、网络、导向等信息系统，就难以给消费者、商家和厂家提供良好的服务。因而先进的信息化与智能化系统设计也是商业空间发展的重要方向。

商业空间的设计应依据购物环境、顾客需求的变化而不断改变。可持续性设计、人性化设计、地域性设计、符号化设计、综合性设计是现代商业空间氛围营造过程中应遵循的设计原则。

2.1　可持续性设计

"可持续性设计"是当前国内外各界的热点话题。随着时代的发展，现有的商业空间已经不能满足现代消费者和商家的需求，盲目地大拆大建不仅会对环境产生巨大影响，造成碳排放量增多、温室效应加剧、环境负担加重等问题，同时也将导致人力物力的巨大浪费。如何保护人类赖以生存的环境，维持生态系统的平衡，合理、有效地利用资源，是全球关注的现实问题。人们认识到自身所处的生活环境不仅要舒适、美观，更重要的是安全、健康。因此，在设计中，人们开始重视绿色建材的选用与自然能源的合理利用，提倡装修设计以简洁为优，不浪费、不过于堆砌装修材料，充分利用天然采光和自然通风，营造安全、健康、自然、和谐的空间氛围，使商业空间适应长远发展、保持持久活力。

2.1.1　可持续设计的概念

"可持续设计"一词是20世纪80年代中期欧洲的一些发达国家提出来的。1993年联合国教科文组织和国际建筑设计师协会共同召开了题为"为可持续的未来进行设计"的世界大会，其主题为"各类人为活动应重视有利于今后在生态、环境、能源、土地利用等方面的可持续发展"。

20世纪70年代以来，人类高强度消耗自然资源的传统生产方式和过度消费，已经使人类付出了沉重代价。设计活动本是为了创造更加美好的生活，然而，在工业革命所引发的

"高消费阶段"却违背了设计的根本目的。为了人类未来的生活和子孙后代的幸福，人们开始提倡保护自然资源，保护和绿化环境。在设计界更加强调设计师不能急功近利、只顾眼前，而要树立环保节能意识，力求运用无污染的绿色材料人为地塑造自然的室内生态环境，动态地、可持续性地使人工环境与自然环境相协调，发展可持续的空间环境设计艺术（图2-1-1）。

保护环境、节约材料能源成为空间环境设计中需要考虑的重要因素，有人称之为"循环再生"设计，表示其设计不仅仅是为人类而设计，也要为人类和自然的和谐相处方式而设计，其目的在于促进区域生态系统的良性循环，保持人与环境关系的持续共生，在追求社会文明、经济发展的同时，强调与生态环境相协调，并寻求恢复、重建和保护受损生态系统的对策（图2-1-2）。

当今社会，人们的经济生活水平不断提升，提高城市文化内涵、保护环境早已成为都市人们对城市发展的向往与追求。于是，可持续设计的理念不断被引入现代商业空间设计领域。

> 图2-1-1　伦敦Frieze展会入口装置及餐厅设计，利用"废弃"铝板打造富于变化的视觉装置

> 图2-1-2　"零浪费"（纽约）酒馆空间，完全使用回收的以及可回收的材料制成，
> 使用了具有可持续性、标志性的芬兰风格物件

2.1.2   可持续设计与商业空间设计

商业空间可持续设计所要解决的根本问题，就是如何减缓人类的过度消费给环境增加的生态负荷。在商业空间设计中贯彻可持续设计，应考虑气候与地域的特点、方案的灵活高效、消费者的体验、能源节约、环境保护等因素，最合理有效地使用原材料，循环使用废弃材料，积极使用新型建材，减少废弃物排放，运用最先进的技术手段等，在尊重现有自然生态的基础上，学会摒弃形式、技术的表面化可持续特征，努力通过对空间、功能、结构形式、材料及活动过程本身等多方面元素的整合，来真正实现可持续发展的理念，创造出既接近自然、符合健康，又具有较高文化内涵、合乎人性的商业空间。

在可持续建筑使用材料方面，约翰·拉斯金提出"从大自然中吸取营养、使用传统材料、忠实于材料本身的性能特点"的设计方法。具体到商业空间环境的可持续设计中，需注意以下三方面。

（1）注重绿色建材的选用

国际卫生组织对建筑装饰材料的生产、应用提出了"环保、健康、安全"的要求，要求其既对室内、自然环境无污染，又对人体健康有利无害。人们已经把建材是否环保、是否有国家质检部门出具的各项指标证明、是否属于国家认定的绿色建材等问题放在首位，更加重视无污染的"绿色装饰材料"的使用。因此，在商业空间设计中，广泛选用绿色建材，选用当地的材料，并巧妙地利用材料，实现材料的可循环利用，以减少对能源的消耗，创造出有利于身心健康的商业空间环境。而这也是对设计人员在工作职责和职业道德上的基本要求。

（2）注重可再生能源的循环利用

在商业空间设计领域，注重生态系统的保护，依靠可再生能源，且对旧的建筑材料再次使用也逐步被人们所提倡和接受。商业空间设计工作不仅是为人们的社会生活增加艺术情趣，更会直接影响人们的生活行为甚至生活习惯，设计工作应该成为引领"低碳"生活的重要角色，以助于建立良性循环的商业空间生态系统。

Juan Carlos Baumgartner是墨西哥著名的设计师，他提到空间设计中废弃物的再利用时举了一个例子，即将Volaris航空公司废旧的飞机机舱用到办公室设计中，既实现了废物利用，又为空间增添了别致的、可激发人们创造力和想象力的元素。

（3）注重自然景观的再创造

幽雅、清新的环境既能提高工作效率，又可以改善人的精神状态。随着人类对环境认识的深化，人们越来越强烈地意识到环境中自然景观的重要性。无论是建筑内部，还是建筑外部，无论是私人住宅，还是公共环境，幽雅、丰富的自然景观，都能对人的精神状态产生重要的影响。因此，回归自然成了现代人的追求。人们更加注重在生存空间中体现自然元素，减少人为的加工过程，比如将水池、山石、花草等自然物直接引入室内，进行自然景观的再创造（图2-1-3、图2-1-4）。

> 图2-1-3　植物景观在商业空间中的应用　常熟瑜伽馆（苏州）

就空间环境可持续设计而言，其核心是"3R"原则，即在设计中遵循少量化原则（Reduce）、再利用设计原则（Reuse）、资源再生设计原则（Recycling）。

> 图2-1-4　迪拜购物中心的人工瀑布

可持续设计并不是视觉上的设计风格的改变，而是设计策略的调整，通过设计，要能够确保我们归还环境的比从环境中索取的更多。这就要求设计师要从长远考虑，并且具备以下系统的生态设计观念。

（1）全自然建设过程

强调在对材料、设施的结构、制造生产手段、包装形式和运输方式的选择，以及环境设施的使用乃至更新的全部过程中，都注重资源的节约和回收利用，对可再生资源要尽量低消耗使用。

（2）提倡适度消费

把消费维持在中低水平，将资源利用和环境开发控制在大自然可承受范围之内。设计的环境设施必须使用周期长，营运成本低，在使用后易于拆卸回收与再利用。

（3）注重生态美学

生态美学是新增的美学趋向，追求和谐而有机的美。商业环境设计中强调自然的生态美，引导消费者欣赏质朴、简洁的风格，让人工创造的环境贴近自然，使室内外空间流通，将外部的自然景色借到室内。

可持续设计不满足于表面设计，而是从更长远的角度、更高的视角去看待设计、人和环境三者之间的关系。创造绿色的、可持续的大环境，是关系着人类社会生存与发展的大事，也是商业空间设计从业人员义不容辞的责任。

2.2 人性化设计

随着科学技术的不断发展和信息化的加快，一些新的快速消费方式不断出现，消费者足不出户便可享受到快捷购物及其他商业消费服务，这尤其是在青年消费群体中深受欢迎。这些新的营销方式无疑会给传统的商业消费方式带来巨大的冲击。因此，商业空间消费这块传统的阵地如何在竞争激烈的商业营销中占据领先地位，让消费者自愿地走进商场以及其他各类商业场所，在商业空间的设计上更加突出"人性化"的设计理念就显得格外重要。

2.2.1 人性化设计的概念

20世纪60年代，随着"物为本源"的价值观向"人为本源"的价值观的转变，人们逐渐讲究和注重自身所处环境的提升。价值观的转变引发了一股设计的新潮流，"人性化设计"逐渐成为设计界引人注目的亮点。

所谓人性化设计，即以人为本，在设计过程当中，根据人的行为习惯、人体的生理结构、人的心理情况、人的思维方式等，在原有设计基本功能和性能的基础上，对设计对象进行优化，使其适合人类活动的需要。它是在设计中对人的心理生理需求和精神追求的一种尊重和满足，是设计中的人文关怀，是对人性的尊重。美国著名心理学家、人本主义心理学创始人马斯洛提出了人的多层次需求系统（图2-2-1）。他认为人作为一个有机整体，具有多种动机和需求，只有当人的低层次需求被满足之后，才会转向去实现更高层次的需求，最终达到自我实现的需求。

当代生活讲究以科学严谨的方法解决问题，人体工程学和全方位设计等理论可作为这方面的重要知识储备。

（1）人体工程学

人体工程学即以实测、统计、分析为基本的研究方法，通过对人的生理和心理的正确认识，根据人的体能结构、心理和活动需要等综合因素，充分运用科学的方法，提供人在室内活动所需空间的参数，以确定家具、设施的形体、尺度及其使用范围，通过视觉要素的计测为室内视觉环境设计提供科学依据，从而对环境空间和设施进行合理性设计，使环境因素适应人类活动的需要，使人在空间中的活动更高效、安全和舒适（图2-2-2）。

（2）全方位设计

人性化设计中的全方位设计是指设计能让正常人、残疾人、孩子、老年人等都没有任何不方便和障碍，使他们能够共同自由地生活在其中。全方位设

> 图2-2-1 马洛斯需求层次理论图

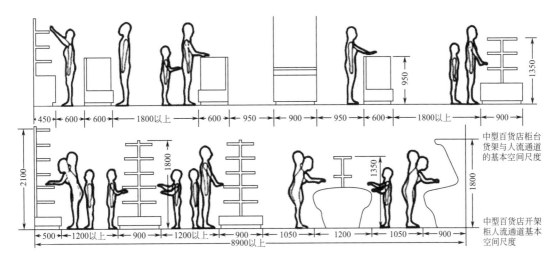

中型百货店柜台货架与人流通道的基本空间尺度

中型百货店开架柜人流通道基本空间尺度

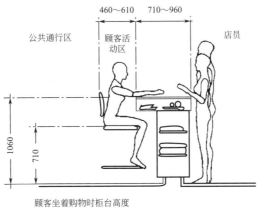

顾客坐着购物时柜台高度

> **图2-2-2　商业空间柜台货架与人流通道空间尺度分析**
> （注：如无特别说明，本书图中尺寸单位为mm）

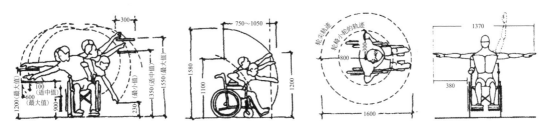

> **图2-2-3　轮椅使用者的活动尺度分析**

计思潮兴起的背景是"无障碍设计""福祉设计""全人关怀"等，强调设计应精心、整体地考虑，以不断满足残疾人、老年人等弱势群体的特殊需求（图2-2-3）。

　　人作为空间环境的主体，既是空间的创造者，又是直接体验者，其对于空间的体验是对空间环境要素的综合感知和感受。如今的商业空间不仅是要满足人们的生理需求，更重要的是满足人们的心理、精神需求，因此，人性化理念的引入是必然的发展趋势，在商业空间设计中发挥着重要的作用。

2.2.2　人性化设计与商业空间设计

在商业空间中，几乎所有的部分都与人的各类行为有关。在商业空间的设计上，人性化设计的概念应理解为不仅可以满足人们对其使用功能的要求，还可以提供一种潜在的功能，满足人们的心理、精神需求，达到空间环境的人性化设计。而且强调人性化设计不能只停留在广告语和口号上，应具体体现在对人性的充分尊重上。比如在商业购物空间、餐饮空间及娱乐空间设计中，要在平面空间的功能划分和布置、家具陈设、装饰形态设计、灯光氛围的营造、色彩的运用以及各种设计语言表达上，充分挖掘人性的本质需求（图2-2-4），使其充分体验到休闲、观赏、交流空间的"人性化"设计。

商业空间人性化设计中应注意以下几点。

（1）满足空间使用功能的需要

现代空间设计不仅仅是对建筑界面的美化，更多的是对空间功能、形态的改善。日本建筑设计师丹下健三曾说："设计一座建筑，会听到许多要求，它构成了某种随心所欲的功能要求，设计师对此应该把握住建筑的真正功能，从众多的要求中抽出那些最基本的、并在将来继续起作用的功能。"同样，在空间的功能设计中，首先也应该考虑满足人们真正需要的主要

> 图2-2-4　源平·美璟书店空间设计（上海）

功能，在这个前提下，再按美的形式法则去创造空间的形式美。

　　空间过于迂回，空间过大或过小，空间层过高或过低，都会影响空间的使用功能。这就要求设计师在设计过程中要切实遵循人体活动尺寸的标准，以人体工程学为指导，使空间符合人体的活动尺度，满足人对空间使用功能的需求，创造舒适方便的商业空间环境（图2-2-5）。

> 图2-2-5　符合人体工程学的柜台尺度及交通流线设计

（2）注意理想物理环境的创造

　　建筑物理环境的好坏，是空间设计成功与否的重要指标。人们在所处的各类空间中，总是伴有热、光、声等物理环境因素的刺激，建筑的制冷、采暖、通风、照明等物理环境的好坏直接影响人们生理和心理的健康。

　　理想的制冷和采暖设施、通风系统、采光照明不仅有利于人的身体健康，而且有利于提高人的工作效率。如果在燥热且通风不好等不理想的环境中购物、娱乐，消费者很容易烦躁，进而影响到商场的销售量。

（3）注意人的心理情感需要

　　空间中不同的颜色、尺度、材质、造型、陈设等因素会给人带来不同的心理感受，而不同年龄、性别、职业、地域、民族、信仰及经历的人对空间环境的心理反应和要求也有所不同。世界顶级建筑艺术大师约翰·波特曼曾说过："如果我能把感官上的因素融汇到设计中去，我将具备那种左右人们如何对环境产生反应的天赋感应力，这样，我就能创造出一种为人们所直接感觉到的和谐环境。"由此可见，研究人的心理情感对环境设计的影响十分重要，这也要求设计师注意运用各种理论和手段去冲击和影响人的情感，创造适宜的商业空间。比如，设计师可以从以下两方面着手。

① 研究不同的知觉类型。研究包括视觉、听觉、触觉等相关知觉类型对商业环境设计的影响。关注公众的知觉差别，找寻公众性规律，比如研究不同人群对环境中的色彩、造型形体、照明、温度、湿度、声学设计等的知觉感受，及其对商业空间环境氛围营造的影响（图2-2-6）。

② 对残疾人、老人和儿童等弱势人群予以关怀。在现代商场设计中，常会设置儿童托管处、游戏角，残疾人专用停车位、行走坡道、厕所，婴幼儿哺乳室和儿童卫生间等（图2-2-7）。而在诸如台阶的高度和跨度、扶手安全等方面也应有特殊的设计。

> 图2-2-6　MORE PARTY KTV LOUNGE（成都），采用充满"科技感"光泽的金属面料家具及装饰物，和绚丽斑斓的光影投射极为搭配

> 图2-2-7　体现对老人、儿童人性化关怀的商场无障碍设计

总而言之，人性化空间就是"人"和"空间"的统一，是空间"人化"的表现，它并不是一种新的空间模式，而是一种空间设计观念，是设计本质的反映。它所强调的不仅仅是空间的功能、形式，更重要的是空间的主体"人"，设计要符合人体的行为习惯、知觉感受和尺寸标准等，具有人性情感的空间环境往往会给人们带来更多的愉悦感和舒适感，从而使其不自觉地发生消费行为。

2.3 地域性设计

随着国民经济的高速发展，人们在物质生活得到迅速满足的同时，也越来越重视精神文化方面的体验。在空间设计中，设计师在吸收、接纳外来文化的同时，也应充分表现本民族的特点，融合时代精神和历史文脉，发扬民族化、本土化的文化，用新观念、新意识、新材料、新工艺去表现全新的商业空间设计，创造出既具有时代感，又具有地方风格、民族特点的商业空间氛围。

2.3.1 地域性设计的概念

18 ~ 19世纪的英国风景式造园运动首次提出追求"地方精神"，这是地域主义思想的开端和起源。在一定地域内的人们在历史的不断进程中，通过体力劳动和脑力劳动创造的，并经过积累、延续和发扬而形成的物质与精神上的成果称为地域文化。而地域性设计则是在设计中，根据地域的不同特点，在基本要素不变的情况下，加入一些地域文化特征，以迎合当地文化。地域性在某种程度上比民族性更具专属性，同时，地域性具有极强的可识别性。

地域性的形成主要有三个因素：一是地域自然环境，包括季节气候等；二是历史遗风、先辈祖训及生活方式；三是民俗礼仪、风土人情和当地的用材。

我国幅员辽阔、历史悠久，各地由于地理位置和历史状况的特殊性，形成了不同的地域文化特征，而各地的空间环境设计会受地理、历史、文化等条件的影响形成不同的风格和特点。商业空间作为城市的一部分，作为商品交换场地和人们生活环境的组成部分，地域性设计是商业空间设计过程中必须考虑的重要原则。

2.3.2 地域性设计与商业空间设计

每一个城市都有自己独特的民俗文化和历史故事，地域文化能够给一个城市带来独特的韵味，横向的地域差别和纵向的传统元素相结合，能给我们的空间设计提供取之不尽的素材和灵感源泉。将地域性设计引入商业空间，便为大型买卖空间注入了新鲜的"血液"，而融合了当地文化魅力的商业空间，将成为提升城市形象的经济、文化交流平台，使消费者在进行购物、娱乐的同时也可以领略当地特有文化，了解更多的历史文脉（图2-3-1）。

在商业空间设计中，空间的鲜明特色取决于建筑风格、独特的自然环境、地域记忆与隐喻、地方材料、技艺等方面，其设计形式是多种多样的：有些在商业空间的功能与材料等方面突出地域性特征，如选择当地的材料、本土制作技术等；有些在商业空间的造型、文化等方面体现地域化，如加入当地传统文化所特有的某些元素或建筑构件等（图2-3-2）。因此设计师想要通过当地的地域文化获得创作灵感，在设计中展现地域性，就要对当地文化的起源和发展有深入的理解，了解当地风土人情以及特有的自然材料等（图2-3-3）。

> 图2-3-1　日本Ankara商店保留了日本传统建筑的木构架

> 图2-3-2　"一扇门的风景"店铺设计运用了中国传统民居窑洞的设计元素

> 图2-3-3　重庆土陶厂改造的体验式农家乐

该设计充分利用了自然地形特征，应用了传统材料和乡村建造技术，将地域特有的空间意象和场所精神融入其中，并依山就势，让整个空间呈现阶层层次，与一旁的阶梯窑相呼应。从南侧入口方向看，新建筑的屋顶坡度与山势近乎一致。建筑坐西面东，共两层，首层除一间采用大面积落地玻璃、用于入口接待的茶饮空间外，其余部分均为在小青瓦木构架覆盖下的开敞空间

肯尼斯·弗兰普顿（Kenneth Frampton）在20世纪80年代提出的"批判的地方主义"中，反对全球主义的支配地位，试图通过吸收和重释地域环境理念，并从区域文化起源入手，提取当地独特的艺术元素，最终塑造出一种根植于当地技术、地理环境、人文特征的氛围。然而，这种想法遇见国际品牌扩张时，却常常处于尴尬的境地。在品牌形象、地域文脉和全球化三者之间，如何寻求平衡点是商业空间设计师面临的又一个挑战。

在商业空间设计中，地域性设计应注意以下几点。

① 尊重地形地貌、自然气候特点。自然环境中地理气候特征，是影响空间发展的一项基础性因素，当然也包括商业空间。商业空间建筑实体的设计应该尊重地形地貌并进行有机组

织。同时，气候环境特点的不同也会为商业空间的形式带来变化，如北方干燥寒冷地区，受寒风影响，多室内商业空间，当然，地下商业空间也是适应了气候的形制；而南方潮湿多雨，则多露天商业街，在此基础上，还有许多骑楼空间、过街楼空间，等等。

② 建立"可识别性"的地域形象。商业空间为了实现地域性，应充分利用历史资源对商业空间的影响力，将这些资源直接或间接地以各种形式出现在商业空间中，呈现最大化的"可识别性"。其形象常常较为醒目凝练，以此吸引消费者驻足停留，增加其对环境的认同，为商业空间汇集场所意识和人气，进而提升商业空间的文化效应和影响力，在促进城市经济发展的同时加强城市文化的建设。

③ 地域性材料的现代表现。这是商业空间地域性表现的一个重要方面。如今新技术、新材料不断涌现，许多设计师在研究历史传统商业空间的基础上，结合现代技术，运用地方传统材料，使得传统空间的地域性表达手法焕然一新，不仅仅是从当地资源材料运用的层面上进行具象表达，还注重从深层的场所文化感上寻找共鸣点。

只有民族的，才是世界的。在当今多元化的背景下，保护、传承地方文化特色显得尤为重要。在商业空间设计过程中，充分考虑本地人居环境，在满足功能需求的同时，彰显区域特色，有助于增强消费者的归属感，促使其自发性地实施购买行为。

2.4　符号化设计

在传统社会中，消费行为主要是依据物的使用价值而做出选择的，而在消费社会中，人们的消费与他们真实需求之间的关系背离得越来越远，人们更多的是在消费物的符号意义。符号消费已演变成了大众生活的时尚。

在现代消费背景下，传统的交易关系被打破，对商品明确的需求已经被无节制的消费欲望和消费癖好所代替，并且商品的范围也不断扩大，充斥于生活的各个领域。在这种情况下，商家不再是供给商品，而是制造货品的符号价值进行销售，在潜移默化中，使消费者形成了对商品符号的价值认同。

2.4.1　符号化设计的概念

20世纪初，瑞士语言学家索绪尔和实用主义哲学创始人皮尔斯提出了符号学的概念。20世纪60年代以后，符号学作为一门学问得以研究。所谓"符号"，是"携带意义的感知"，即"意义"和"含义"的一种表象，所有能够以具体的形象表达思想、概念和意义的物质实在都是符号。

布尔迪厄通过对"习惯""品味""生活风格""文化资本"等范畴的研究，提出了"消费文化"这一新的概念。波德里亚从符号学的角度对消费的性质进行了全面而深刻地剖析，他认为，在后现代社会，消费不再是工具性的活动，而是符号性的活动。物在被消费时是作为符号来满足人需求的，包括被人们所消费的服务、休闲以及文化本身都是符号体系的一部分，消费就是一种被符号控制的系统行为。

符号价值这一概念是新的消费文化的核心。在消费社会中，物或商品被作为符号消费时，是按照其所代表的社会地位和权利及其他因素来计价的，而不是按物的成本或劳动价值来计价的。作为符号，物或商品本身还承载着一定的意义和内涵。符号价值是在物的消费过程中形成的，消费对象不仅只满足人们的物质欲求，而且应满足其生活追求和精神需要。商品所具有的符号价值是消费的内容和动力。因此，商业空间设计的重心也由物质设计转移到符号设计。

2.4.2　符号化设计与商业空间设计

在商业空间设计中，符号化设计最主要的是收集、制造体验并进行传播，通过商业空间的媒介传达给受众，从而使商业空间设计发生巨大的变革。在现代商业空间设计中，很多价值（如客户体验、品牌文化、服务等）的创意表达已超越了一般设计师的服务范围，非物质的符号价值可能比物质空间更重要。商业空间发展的趋势已经清晰地表明这部分"非物质"的内容应该成为商业空间设计考量的重要因素，因为符号化设计在反映设计价值和社会存在的趋势方面的作用要明显得多。

商业空间中的符号化设计可以表现在装饰材料、品牌形象、商品服务等方面，也可以是这几方面的融合（图2-4-1）。拼贴的流行符号，往往是标签化了的传统风格和时髦的国际风格，它们架起了大众与时尚之间的桥梁（图2-4-2）。著名品牌商业空间可以通过媒介将其符号传递给大众，使既有的商业空间设计风格和思想变得时尚化而被模仿、被拼贴，成为一种炫耀性符号（图2-4-3），这往往是商业空间符号化设计的手段。

> 图2-4-1　苏宁极物旗舰店（重庆），运用轻轨车体及轨道设计的
形式将重庆的地域特色进行符号化展现

> 图2-4-2 上海B+Tube油罐美妆集合店，将品牌形象广泛应用到店铺设计中

> 图2-4-3 由昂贵的大理石和玻璃顶棚构成的豪华购物中心，成为符号化的炫耀手段

在21世纪的消费社会，符号化设计反映出当今世界商业空间设计的整体潮流。

2.5 综合性设计

商业空间的设计原则应依据购物环境、顾客需求的变化而不断发展，以适应市场的变化。随着生活水平的提高及公共交流活动的增多，人们的消费行为发生了巨大变化，商业空间中消费者的行为从原本单纯的购物变成了综合性的休闲体验。现代商业空间除了满足人们基本的购物需求以外，也应关注其他方面的综合表达，如空间公共性的体现、空间的生态化设计、顾客消费行为的时尚性等。综合性设计逐渐成为现代商业空间设计的重要原则。

2.5.1　综合性设计的概念

综合性设计指在进行空间设计时，综合考虑各方面因素，不仅要单纯实现人们进行消费的功能，更要注重其文化氛围、综合性消费空间的营造。

现代商业空间已成为大众消费文化的中心，成为城市中公共活动的聚集地，因此关注商业空间综合性艺术表达显得尤为重要。通过陈设公共艺术设施、开展互动性体验活动等可使空间产生多层次、多方面的消费体验，从而促进消费，提升商业空间的经济效益（图2-5-1）。

> 图2-5-1　上海1862船厂商业中心

由此可见，商业空间设计中的综合性设计，具体体现为商业空间的综合化。购物、娱乐、休闲等的综合不仅是功能的需要，而且也反映出当代大众的审美取向和价值观的转变。

2.5.2 综合性设计与商业空间设计

商业空间的综合性设计提倡多元共生的民主精神，主张营造自由、宽容的氛围，因此综合性设计的商业空间常常在单纯的商业空间中综合文化、艺术、时尚等大众所需的各种元素，以大大增加商业环境的文化性。凯文·林奇认为，在设计城市公共开放空间时应考虑以下功能：扩大个人选择的范围，让公众的都市生活有更多体验的机会；给予使用者以更多环境的掌握力；提供更多的机会，刺激人们的感官体验，扩展人们对新事物的接纳。

因此，现代商业空间趋向于通过具有人性尺度和生活化的设计，来满足人们交往与休闲的需求，丰富商业空间的社会内涵。随着休闲娱乐性空间的逐渐兴起，当代不少商场已经转型成为集餐饮和娱乐于一体的购物中心。单一的商品售卖空间扩展成为综合化和多样化的生活场所，而消费者也具有了观众、旅游者等多重身份，商场与咖啡厅、茶馆、电影院、溜冰场、画廊等各种娱乐场所出现交集，也将购物变成富有趣味的生活的一部分（图2-5-2）。

> 图2-5-2 综合性的商业购物中心

课题思考

1.调研附近具有现代感的商业空间，寻找其有无体现科技感、生态性、地域化等方面的设计细节，并加以评价。

2.根据家乡地域特色，结合情感化设计理念，构思某文创产品专卖店空间设计，注重设计元素及表现语言的地域性特色的体现。

3.针对身边运营良好的商家，思考分析设计师该如何助力运营方持续发展商业业态，如何凸显现代性与地域性特色。

3

商业空间的分类

随着商业空间中消费需求的变化、商品种类的丰富以及大众对商业服务要求的提高，商业空间的分类呈现出多样化的趋势。现代商业空间按消费类型及消费性质的不同可分为：商业卖场、餐饮空间、酒店空间、娱乐休闲空间等。根据自身的发展条件，准确定位目标顾客，指定可行的发展方向，设计符合时代特征与自身特色的空间，是商家在前期策划阶段必不可少的环节。

3.1　商业卖场

每种商业卖场都有自己的生存空间，不同的商业卖场之间既相互竞争，又相互补充。商业卖场根据目标顾客，综合考虑店铺选址、产品种类、店堂环境等设计因素。这里主要探讨以购物为主的零售业卖场的环境设计。通常，商业卖场按建筑规模可分为商业街、商业中心、超级市场、专卖店等，按内容、经济特点和组织方式可分为百货商场（大中型综合商店）、批发商场（仓储）、购物中心、专卖店等，按销售形式可分为基本开架销售的商场、完全闭架销售商场、开闭架相结合的综合型商场等。当前新崛起的主题化商业空间、体验馆等商业卖场，是商业和当代文化的完美交融。

下面主要介绍几种商业卖场的主要形式及特征。

（1）超级市场

超级市场在20世纪70年代初始于美国，并很快风靡全世界，这是因为计算机管理降低了运营成本，且柜台式售货发展成开架自选，让顾客购物更随心所欲，从而扩大了商机。一般较大型的超级市场，除前部卖场空间需合理划分外，后部半开放加工区域也需占据一定空间，并与卖场相呼应。各种不同特色的店铺设置于外围，使超级市场更具商业特色，从而丰富了商品种类，极大满足了顾客的不同需求。

超级市场经过多年发展，不断更新，开始由大规模的商业经营向灵活方便的小规模经营转变，并渗入居住小区和各类生活区里，包括度假区等，且日渐形成连锁经营的自选商店。自选商店种类繁多，其中包括生活用品自选商店、食品保鲜自选商店，等等。

生活用品自选商店店内备有人们日常生活中常用的零食、饮料、日杂用品，类似于过去的杂货店，早开晚收，甚至有24小时营业的商店。这种店大都设在生活区内，并逐渐形成全国连锁店的形式。

食品保鲜自选商店为居民提供新鲜的蔬果、鱼肉、奶制品及饮料等商品，店内的陈设柜大多数是保鲜柜（沿墙壁）。中心区为标准货架柜，商品陈列空间利用率高，利于顾客挑选商品（一般为金属柜架）。这类商店一般为中、小型店面，店内常售卖热加工食品，供顾客即买即食，因此一般都设有加工间或厨房（图3-1-1）。

> 图3-1-1 厦门优吉超级市场

（2）商品专卖店

商品专卖店指的是专门经营某类行业相关产品的商店，一般选址于繁华商业区、商店街或百货店、购物中心内，营业面积根据经营商品的特点而定，主要分为同类商品专卖店及品牌商品专卖店。

1）同类商品专卖店

随着生活节奏的加快，人们购物往往有较强的针对性，于是便逐渐形成了同类产品较集中的商业区域，如服装一条街、食品一条街、珠宝首饰街，等等。这些店面往往集中售卖同类商品的多种品牌，方便顾客进行比较性购买。

① 家用电器商店。家用电器种类繁多，在组织店内空间与商品陈列时，应分类清晰，方便顾客选购。不同的家电产品有其不同的功能特性与要求，因此，其陈列架的高度与结构空间应有所区别，是采用地面陈列、高台架陈列、壁面陈列，还是吊挂式陈列，都要根据具体情况而定。如电视机的陈列，若将其组合为电视墙，则可利用富有视觉冲击力的特大电视画面吸引顾客；音响设备的陈列则需设计较为专业的背景墙与环境，使顾客产生身临其境的音乐空间感受；而对于袖珍型精美产品，则应陈列在特制的玻璃展柜中，以显示其精工与价值，刺激顾客的购买欲望（图3-1-2）。

② 时装商店。时装商店具有很强的消费阶层针对性，而且时装又是一种艺术感染力非常强的商品，有强烈的时代性与流行性。因此，时装店的室内设计应强调其现代感及特色风格，也需要有很强的艺术烘托力（图3-1-3）。

③ 鞋店。鞋店的展品尺寸较小，且品种繁多，在展区设计上应注意分区、分组陈设，注意流线安排。一般按年龄和性别分区陈设（图3-1-4）。

④ 金银首饰店。专业首饰店的室内设计重在贵重商品的陈设与展示，首饰物小价高，其陈列柜除具备陈设展示功能外，收纳及防盗功能也至关重要。陈列柜的展示与陈列尺度也应在顾客易于观看的视觉范围之内（图3-1-5）。

> 图3-1-2 戴森体验店

> 图3-1-3 上海PORTS服装店

> 图3-1-4 香港UGG旗舰店

> 图3-1-5 上海Tiffany&Co.专卖店

2）品牌商品专卖店

专卖店的另一种形式是同一品牌的商品专卖店。在经营系列商品的同时，商家更注重的是树立品牌形象和针对消费群体的定位宣传。并且，同一品牌的商品往往是成系列销售，如品牌服装店，就会陈列与服装有关的鞋帽、饰物等物品，所以展架的设计与摆放要有一定的分区，产生错落感。通常都会有一个主体的形象展示面，作为品牌宣传的重点（图3-1-6）。

> 图3-1-6   高级定制婚纱品牌Shine Moda专卖店

（3）百货商店

百货商店是在城市人口猛增、大众消费能力明显提高的背景下产生的，最早出现在欧洲的巴黎。百货商店多位于城市中心，是以经营日用商品为主的综合性零售商店，是城镇零售业的一种重要形式。百货商店所售商品种类多样、花色齐全、层次丰富。根据所处地段条件，常有大、中、小三种建筑规模。店内除设置营业大厅外，同时须配备仓库、管理用房等。百货商店的销售模式是按商品的类别设置商品柜台进行销售，店内同时设立商品导购，在方便顾客挑选的同时可以满足消费者不同方面的购物要求。随着社会经济的不断发展，现代百货商店也已突破传统模式，逐渐呈现出经营内容多样化和经营方式灵活化的特点。

（4）购物中心

购物中心产生于20世纪60年代，在美国叫"Mall"，全称为Shopping Mall。在现代商业空间中，购物中心是目前世界上零售业发展历程中最先进、最高级的复合型商业形态，具有占地面积大、建筑规模大以及行业多、店铺多、功能多等特点。购物中心多采用有透明顶篷的步行商业街形式，同时在街道两旁设置各种商店、超级市场、游艺场所、餐厅、电影院、画廊等辅助设施，使单一的购买场所发展成为具有多种功能的综合性商业中心，满足消费者多元化的需要。中心的广场和街道旁常有规则的绿化和建筑小品，同时为消费者提供可供步行、休息的公共设施和共享空间（图3-1-7）。

> 图3-1-7 绍兴CTC购物中心

整个CTC商业中心的建筑设计由徐光建筑师团队和MADA s.p.a.m.共同完成。建筑师由外至内地为商业体提供了贯穿始终的表达逻辑，使其展现出流动的、时尚的、随运动而生成的多视角空间观想，为艺术和事件提供承载场所的可能

（5）商业连锁店

商业连锁店最早产生于20世纪20年代的美国，具体是指众多分散且经营同一品牌商品和服务的零售商店，借助于通信和运输等介质，在总部的统一领导下从事经营活动的商业形式。连锁店常采用统一的企业形象、设计风格、经营方针、营销行动、业务模式和服务标准，实行总部商品集中派送和分店商品分散销售相结合的方式，通过规范化的经营形式实现商业利益。以发展连锁店的形式发展自己的企业，可以在消费者心中建立统一的连锁店企业印象，使连锁经营得以进一步发展。

（6）商业街

在区域内集合不同类别的商业空间，便构成了集休闲、购物、娱乐于一体的综合性的商业街区，其主要分为入口空间、街道空间、店中店、游戏空间、展示空间、附属空间与设施等（图3-1-8）。

> 图3-1-8 中国泉州万达广场商业街

3.1.1 设计内容

商业卖场按规模可以分为专卖店和复合型商场两类，而复合型商场则由各式各样的专卖店组成，所以二者在设计内容上基本相似，一般分为直接接触顾客的区域（直接营业区）和辅助空间（间接营业区）。以下从顾客在商业卖场的行为习惯及相应的服务设施进行分类，并对各构成要素进行具体陈述（表3-1-1）。

表3-1-1　商业卖场设施的构成要素

规模、业态 构成要素		个体商业设施			复合型商业设施	展示设施
		商品销售设施	饮食设施	服务设施	综合商业设施	信息设施
直接营业区	导入部分	顾客用出入口、楼梯、停车场	顾客用出入口、楼梯、样品柜、停车场	顾客用出入口、楼梯、停车场	顾客用出入口、楼梯、主要通道、电梯、扶梯、步行街、停车场等	顾客用出入口、楼梯、主要通道、电梯、自助扶梯、停车场处、接待处、售票处
	接待顾客附带部分	☆卖场附带部分	☆厅堂附带部分		接待顾客附带部分	☆展示室附带部分
		休息角、化妆室、卫生间	收银台、化妆室、卫生间		休息室、化妆室、卫生间、母婴、店内介绍所等	休息室、卫生间
	接待顾客部分	☆卖场部分	☆厅堂部分	☆厅堂部分	接待顾客部分	☆展示部分
		卖场、收银台、包装台、接待顾客柜台	厅堂、包间、备餐角、柜台式厨房	美容理发工作室	卖场、收银台、包装台、副通道、接待顾客柜台、租赁场地的个体店、卖场办公室	展示室、展览室、放映室
间接营业区		商品管理部分	☆厨房部分	☆管理部分	商业管理部分	☆管理部分
		连销进货中心、仓库、购买口	厨房、仓库、厨房口	办公室、休息室、工作人员出入口	连销进货中心、接受场、配送所、商品搬运出入口	仓库、准备室、机房、操作室、器材搬运出入口、管理室
		一般管理部分	一般管理部分		一般管理部分	
		办公室、休息室、工作人员出入口	办公室、休息室、工作人员出入口		经理办公室、会客室、员工食堂、衣帽间、机械用房、工作人员出入口	

注：1.☆标志指仅限该设施使用部分。

2.示例所列的是具有代表性的部分。

3.本表就业态而言增加了展示设施。

（1）直接营业区

直接营业区是顾客直接接触的空间，由于它直接与销售挂钩，因此显得很重要。任何一个商业设施都会受时代、地域、风俗习惯的影响，因此直接营业区的设计总是走在时代前沿，追求着流行的设计风格。下面着重对专卖店的销售区、顾客动线、销售方式、通道宽度等设计内容进行分析。

① 销售区。销售区是商场中一个很重要的区域，主要用来展示、售卖产品。销售区的设计既要满足销售产品的要求，又要实现引导不同区域顾客购买行为的功能，还要注意与店面

的整体设计风格相配合，保持与整体空间的协调统一。

② 顾客动线根据行业种类的不同，可分为S型、I型、Q型、U型等形式（图3-1-9）。

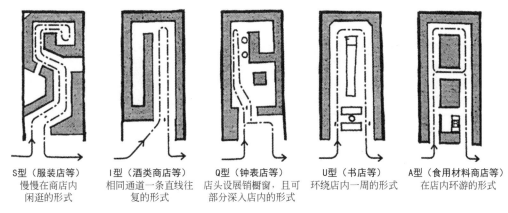

S型（服装店等）	I型（酒类商店等）	Q型（钟表店等）	U型（书店等）	A型（食用材料商店等）
慢慢在商店内闲逛的形式	相同通道一条直线往复的形式	店头设展销橱窗，且可部分深入店内的形式	环绕店内一周的形式	在店内环游的形式

> 图3-1-9 顾客动线基本形式

③ 销售方式分为对面销售方式、侧面销售方式和自助销售方式3种。对面销售方式，即顾客和营业员之间用陈列柜隔开，面对面销售商品的方式，常见于商品非常小且昂贵，或者出于商品管理或卫生管理上的考虑需要将商品储藏在展示柜内的销售行业。侧面销售方式，即营业员站在顾客的旁边销售商品的方式，常见于种类较多且需大量摆放商品的卖场，或者销售大型商品的卖场。自助销售方式，即顾客自由选择商品，然后集中到收银台进行购买的方式，多见于销售大量商品的卖场和大型店铺（表3-1-2）。

表3-1-2 销售方式及其优缺点

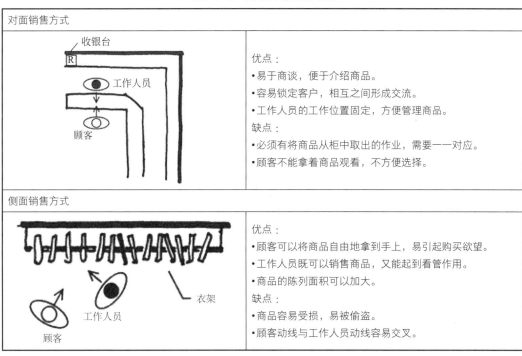

对面销售方式	
收银台 R 工作人员 顾客	优点： • 易于商谈，便于介绍商品。 • 容易锁定客户，相互之间形成交流。 • 工作人员的工作位置固定，方便管理商品。 缺点： • 必须有将商品从柜中取出的作业，需要一一对应。 • 顾客不能拿着商品观看，不方便选择。
侧面销售方式	
衣架 工作人员 顾客	优点： • 顾客可以将商品自由地拿到手上，易引起购买欲望。 • 工作人员既可以销售商品，又能起到看管作用。 • 商品的陈列面积可以加大。 缺点： • 商品容易受损，易被偷盗。 • 顾客动线与工作人员动线容易交叉。

续表

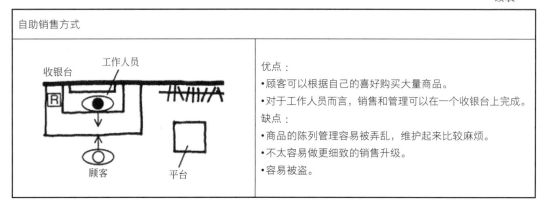

自助销售方式	
（图示：收银台、工作人员、顾客、平台）	优点： ·顾客可以根据自己的喜好购买大量商品。 ·对于工作人员而言，销售和管理可以在一个收银台上完成。 缺点： ·商品的陈列管理容易被弄乱，维护起来比较麻烦。 ·不太容易做更细致的销售升级。 ·容易被盗。

④ 通道宽度十分重要。对于顾客而言，购物中心的通道宽度在8m以下时，两侧店铺的门脸刚好进入视野范围内。近几年，为营造宽松的购物环境和开展小型庆典活动，出现了扩大道路宽度的案例，在拓宽的道路上设置流动售货车或座椅等，演绎出休闲而热闹的步行商业街氛围。道路的宽度有原则性的尺寸要求，如卖场面积在50 ~ 100m² 时，道路宽度的标准为1.0 ~ 1.5m（图3-1-10）。采用对面销售形式时，营业员从后方进入的道路宽度为60cm（图3-1-11）。根据营业状况，也可以在道路上设置柜台来调整道路宽度。同时，收银台、服务台周边，主打商品展示区的通道宽度要宽敞一些，以便能应对顾客动线的改变。

⑤ 服务区。服务区是体现品牌文化及形象的窗口，通常具有问询、包装及收银等作用。服务区要醒目，尤其是大中型商场，应设置宽敞的入口广场和门厅（有的设置前庭），而且不止一处，商场的服务区一般在做建筑规划时，应提前从造型、色彩等方面给予充分考虑（图3-1-12）。

⑥ 产品展示体验区。此区域主要针对体验式商品而设。顾客通过试听、试用等方式，可以更深入地了解商品性能，最终促成购买行为的完成（图3-1-13）。

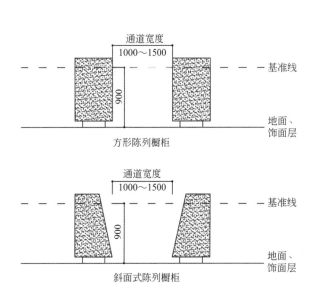

> 图3-1-10 放置不同形式的陈列橱柜时的通道宽度

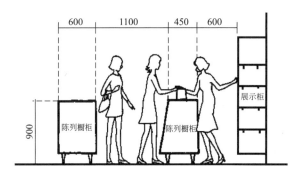

> 图3-1-11 设有陈列橱柜的通道宽度

（2）间接营业区

间接营业区用于辅助直接营业区，是与商品管理、工作人员管理相关的区域。近几年，在市场向国际化、多样化推进的进程中，这一区域的规模、场地、动线等也发生了变化。下面分别对专卖店和复合型商场中存在的间接营业区进行分析介绍。

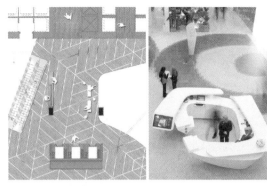

> 图3-1-12　商场服务台

> 图3-1-13　外星人电子产品体验区

1）专卖店

① 储藏区。专卖店主要用来售卖商品，因而需要大量存货。储藏区的设置一般分为两类：一是直接存储在展架、展柜中，不需要额外的空间摆放，例如日用品店、饰品店等的储藏区；二是单独设置储藏室，这类储藏区一般占总面积的5%～10%。服装、鞋品等类型的专卖店的储藏区一般与试衣间相连。

② 管理区。专卖店的管理区包括店长室、休息室、更衣室、职工用卫生间等。顾客在进入商场后，一般情况下只能接触到售卖区，因此对于管理区的设计要相对隐蔽。管理区是提供给专卖店工作人员的区域，一般要有良好的光线和自然通风渠道，设计要相对简约。

③ 休息区。专卖店的休息区一般毗邻售卖区域，供顾客体验产品、休息、等待等，一般不会单独划分出区域。休息区的设立既体现了店家对顾客的人性关怀，又为顾客了解企业文化、商业资讯等提供方便，从而间接促进销售（图3-1-14）。

> 图3-1-14 保利大都汇美容体验店休息区

2）复合型商场

① 储藏区。复合型商场的货物较多，除去各个专卖店内的储藏室，还会有一个面积较大的储藏区域。这个区域设计的重点在于方便货物的运输、拿取。同时，设计储藏室货架时要注意出入口位置的设置，并保证小型转运车通道的畅通。储藏区的位置要合理且相对隐蔽。

② 中庭。中庭是大中型复合型商场中公共活动区域（相对于销售用的营业空间而言）的一种空间形式。在国外，大型商场、步行商业街通常都设有一个甚至多个中庭，这主要运用了美国著名建筑师波特曼的"共享空间"理论。中庭的形状、层高多样，有的二、三层高设置一个中庭，有的中庭从首层或地下室开始一直到屋顶（作为商场，一般到裙楼之顶）。有的商场层数多达十几层，各层建筑空间围绕中庭展开，并围绕中庭布局水平、垂直交通，这就加强了整个商场公共空间的通透性、流动性。

中庭作为商场内最醒目，通常也是面积最大的公众活动空间，应当在设计中给予高度重视（图3-1-15）。中庭设计要强调生态理念，注重使用环保再生材料，营造舒适的购物空间；注重视觉引导，宣传企业品牌文化，美化商场形象，突出文化休闲功能。

③ 卫生间。商场里的卫生间属于公共设施，其布局设计不能阻碍商场的经营与管理，因

而需要在"隐藏"的基础上，用一些特殊的通道，使卫生间和购物空间之间有效隔离，从而达到美化商场的目的。

> 图3-1-15 上海外滩金融中心南区商场中庭

另外，洗手间的数量需要根据商场的面积来确定，为避免拥堵现象的发生，每一层都应该设置到位（图3-1-16）。

> 图3-1-16 上海外滩金融中心南区商场卫生间

④ 休闲娱乐区。休闲娱乐区不仅是供人们休息的场所，同时也兼具宣传和娱乐的作用，可使顾客在购买到心仪商品的同时感到身心上的愉悦。调查研究发现，80%的顾客是抱着休闲的心态走进这个区域的。在这种情况下，仅仅摆几个凳子显然还不够。作为宣传商场形象之一的休闲娱乐区，个性化的设计才能给顾客留下好印象，例如时尚主题商场，要配备极具时尚创意的座椅、艺术装置等，既烘托了商场氛围，又让顾客放松心情，可谓一举两得（图3-1-17）。

> 图3-1-17 休闲娱乐区座椅设计

> 图3-1-18 阿姆斯特丹RAI螺旋停车场（1）

> 图3-1-19 阿姆斯特丹RAI螺旋停车场（2）

⑤ 停车场设计。商场停车场的设计根据其地理位置划分，可分为地下停车场、地面停车场、屋顶停车场等。此外，为了增加并且固定更多的停车空间，许多购物中心配有额外的机械停车设备，从而增大了客流量，刺激了消费（图3-1-18）。

停车场作为商场重要的配套设施，除了有基本的停车功能外，更重要的是与运营管理体制的有机结合，设计时应侧重于通过设计引导客流和提高停车周转率，从而达到刺激顾客消费的目的（图3-1-19）。而在停车区域的设计当中，需要注意的是，可以通过不同色彩或字母进行分区，缩小消费者寻找车位的范围，提高车位的可识别性。比如，上海正大广场采用"春夏秋冬"主题分区，郑州二七万达广场则按照十二生肖和英文划分，方便顾客记忆，同时也帮助顾客明确了方位。

3.1.2 设计要求

（1）功能划分

商业卖场设计的目的是以其合理的功能、完善的设施和服务来达到销售目的。而不同的商业空间在功能上和设施的设置上会有较大的差异。

1）复合型商场功能分区

购物中心内的售货区有着不同的形式，一般说来，分为开放区和封闭区。

开放区往往为了营造繁荣的市场气氛，在入口大厅和每层的开敞区域都有大面积的开放式售货区。这些区域一般都经营服装等常规货品，由于是开放型售货，每个相邻售货区之间利用通道或展架分割空间，顶棚照明也成了划分空间的关键元素，其中反光灯带的空间界定效果显著。

开放区的功能布局需要考虑以下几方面的因素。

① 宽敞的交通线路。穿行在开放区的人流较大，由于和主入口、公共区域邻近，所以必须要留出足够的人流疏散面积，一般考虑5 ~ 8人并排穿行的距离，按照人的正常比例应以80cm自由宽度为准，大约需要4 ~ 6m宽度的交通线，每个货区内的交通尺度可以以最小1m的距离灵活划分。

② 明显的购物导向。集中安排的货区很容易让顾客迷路，为了方便顾客，应该在入口处设置明显的货区分布示意图，并且在主通道和各个货区设置导向标牌，也可以通过地面材质的变化引导顾客。

③ 充足的光照度。一般开放区的顶棚层高在3 ~ 5m，明亮的店面形象对商场而言很重要。购物中心大厅的正常光照度一般为500 ~ 1000lx。除自然采光外，还可以使用金属格栅灯、节能筒灯、有机灯片、反光灯带等普通照明设备。

除了大厅的普通照明之外，商品的局部照明是突出表现商品的关键。局部照明光照度一般在1000lx以上。照明设备以石英射灯、筒灯为主。另外，再配以辅助的装饰照明，整个大厅才会显得层次丰富，晶莹透亮。

④ 适量的储藏面积。开放区货区商品种类和数量较多，一定要有足够的仓储面积，以便于货品的补充。储藏面积一般安放在靠墙或柱的位置，在不影响顾客视线的情况下与展柜有机地结合，并能形成装饰背景。

⑤ 分区的收款台和打包台。为方便顾客在开放区购物，应该设置多处收款和打包台。在服装区还应有若干试衣间。

购物中心的另一种主要售货形式是独立封闭的，习惯上称为"店中店"。

店中店是购物中心中变化最多的单元。往往由不同经营理念的商家租赁下来经营。在服从大的商业空间整体风格的前提下，每一家店中店都会竭力体现自己的商业风格。

店中店经营多以品牌形象出现，所以在店面中门面和形象的展示尤为重要。做得好的店面不仅造型新颖，具有个性，而且能将品牌风格鲜明地呈现出来。因为店中店是相对独立的经营体系，所以必须具备完整的经营流程。办公室、库房、职员休息或更衣室等都应该设置，只是要根据相应的可用面积作合理布局。虽然各店经营的内容千变万化，但从功能上分析，店内大致可以作如下分区：门面、导购牌、形象展示区、商品展示区、收银台、打包台、库房仓储，如果是服装店，还要有更衣室。

2）零售店功能分区

零售店内的营业区有不同的形式，一般来说，分为直接营业区和间接营业区。

直接营业区重点要考虑店内展示商品的安排方法，不仅指各商品的摆放位置要得体，还要尽量使得展示能够吸引顾客，这其中便包含了很多设计因素。对零售店来说，直接营业区的目标是使店铺单位面积的净收益达到最大，所以店内的每个地方都要考虑到，尽可能多地利用起来。另外，设计时需要注意直接营业区的两个作用，一是引导作用，二是销售作用。

① 引导作用。入口是直接营业区设计首要考虑的区域，具有疏导交通、引导客流的作用。

在大型售卖场所，常在此空间设置问询处、服务台、寄存处、商场分区指示牌、导购牌等多项服务设施。零售区的入口与良好的环境、绿化设计结合，可以形成亲切宜人、优雅时尚、个性鲜明的商业氛围。

展示橱窗和过道在功能分区上要尽可能多地给顾客提供更多的商品，展示在顾客面前的商品越多，销售和投资的回报率也就越高。商店应当通过橱窗展示来吸引顾客进入商店，通过店内商品的合理分区、摆放和展示，让顾客易于找到需要的商品，此外，橱窗设计还应让顾客经过时，有购买商品的冲动。

② 销售作用。无论是大型商场还是连锁超市，无一例外地把首饰和化妆品布置在一层，这样可以强化视觉效果，增加随机销售机会，提高单位面积销售额。零售店一般把服装布置在二层或者三层，百货则布置在三层或者四层，这样做的目的是增加销售利润。

对不同的零售店，在商品陈列上会有不同的要求，一般把重要商品陈列在水平视线上下20°的范围内，摆放备货需整齐而不乏主动。为保持整洁，可采用商品群陈列的方式，将某些商品集中在一起，成为特定的商品群落，同群落中的商品整齐划一。如按价格梯度分布，同一品牌同类商品按价格梯度摆放，会方便顾客进行比较性购买。

间接营业区用于对直接营业区功能的辅助。商场商品种类和数量较多，一定要有足够的仓储面积，以便于货品的补充。储藏区要有足够数量的货架，方便对不同商品进行分类储藏。配货区要与储藏区相邻，且紧靠出口，方便货物在销售区与储藏区的运输。

（2）平面设计

1）总平面设计

进行商场室内设计时，建筑是室内设计的基础。以大中型商场为例，设计时应考虑如下几个要点。

① 大中型商场建筑基地应选择在城市商业集中区或主要道路的适宜位置。

② 大中型商场应有不少于两个面的出入口与城市道路相邻接；或基地应有不少于1/4周边总长度、建筑物不少于两个出入口与一边城市道路相邻接，基地内应设净宽度不小于4m的运输、消防道路。建筑面积定额参考见表3-1-3。

③ 大中型商场建筑的主要出入口前，应按当地规划及有关部门要求，设置相应的集散场地及能供自行车与汽车使用的停车场。

表3-1-3　建筑面积定额参考表

规模分类	建筑面积(m²)	营业(%)	仓储(%)	辅助(%)
小型	<3000	>55	<27	<18
中型	3000 ~ 15000	>45	<30	<25
大型	>15000	>34	<34	<32

注：1.国外百货商店纯营业厅与总有效面积之比通常在50%以上，高效率的百货商店则在60%以上。

2.此表摘自中南建筑设计院编制的《商店建筑设计规范》（编号JGJ 48—2014），自2014年起实施。

④ 总平面布置应按商场使用功能组织顾客流线、货运路线、员工流线和城市交通之间的关系，避免相互干扰，并考虑设置防火疏散安全措施和残疾人通行通道。

2）营业厅平面设计

营业厅设计是商业购物空间的主体，也是室内设计的重点区域。应该说，几乎所有的美学考虑都在营业厅的设计中得到体现。在设计时应注意以下几个重要方面。

① 在设计时要加强诱导性和宣传性，营业厅入口外侧应与广告、橱窗、灯光及立面造型统一设计；入口处在建筑构造和设施方面应考虑保温、隔热、防雨、防尘的需要；在入口内侧应根据营业厅的规模设计足够宽的通道与过渡空间。

② 大中型商场顾客的竖向交通，以自动扶梯为主，楼梯和电梯为辅。自动扶梯上下两端连接主通道，周围不宜被挤占，前方3m范围内不宜作他用。当营业厅内只设置单向（一般是上）自动扶梯时，应在附近设有与之相配合的步行楼梯。

③ 营业厅内应避免顾客主要流向线与货物运输流向交叉混杂，因此，要求营业面积与辅助面积分区明确，顾客通道与辅助通道（货物与内部后台业务）分开设置。

④ 注意在大中型商场的各层分段设置顾客休息角，在中庭及其他适当位置设置小景和集中休息区，如咖啡厅、冷热饮室、快餐厅、幼儿托管处、吸烟区等附属服务区。

⑤ 小型商场一般不设顾客卫生间，但大中型商场应按其大小隔层或每层设卫生间，且卫生间应设在顾客较易找到的方位。

⑥ 现代商场尤其是大中型商场在有条件时，应尽量采用空调系统来调节温度和通风。如果采用自然通风，外墙开口的有效通风面积不应小于楼地面面积的1/20，不足部分以机械通风补足。

⑦ 现代大中型商场、大城市中的各专业商场，越来越多地采用以人工照明采光为主，以自然光为辅的照明方式，有的干脆全部采用人工照明。在这种情况下，除了用于商品陈列的直接照明或投射照明、用于烘托气氛及装饰效果的重点照明和间接照明之外，还应增设安全疏散用的事故照明及通道诱导灯。

⑧ 营业厅在非营业时间内，应与其他商业空间如餐厅、舞厅等隔开，便于管理（尤其是在复合型商业大厦中）。

⑨ 在可能出现不安全因素的地方应增加安全或提醒性标识牌，在商场较大、通道疏散口不易找的情况下，要设置通道引导牌；在装饰设计时要注意原有建筑设置的防火分区卷闸应

予保留，并保证在需要时能通畅地拉下；入墙消防箱在装饰设计时应予保留或在美化时应设有明显标志；营业厅内通往外界的门窗应有安全措施。

⑩ 根据商场的经营策略、商品特点、顾客构成、设计流行趋势及材料特性确定室内设计的总体格调，并形成各售货单元的独特风格。

商场室内设计的基本原则是在满足商场功能的前提下，使其色彩优雅、光线充足、通风良好。基本目的是突出商品，诱导消费，美化空间。

室内装饰用可燃材料的总量，应不高于防火规范所规定的标准，且墙面、天花板、地面等固定装饰设计尽可能不用或少用木材，造型需要用的部位，其背后应按规定涂防火涂料或按消防规范的要求采取措施。

此外，还有两个因素一般是建筑师要考虑的，室内设计师只能被动地接受，这两个因素就是柱网的布置和营业厅的面积控制。但室内设计师应发挥自己的主观能动性，克服某些不足之处，充分考虑建筑的结构形式，将自己的设计与建筑师的设计有机地融合在一起。

（3）商场的基本尺度与陈列方式

1）柱网层高尺度

以前我国建筑师设计的商场营业厅柱网尺寸多是以闭架销售方式中两个柜台组之间相对的尺寸为基础设定的，一般都在 6～9m 之间。现在的设计则灵活了许多，如果按现在以开架为主的销售方式，当然是柜距越大越好，但考虑到柱网面积与经济性的关系及建筑模数制，以 7.8～8.4m 柱距最为常见，因为这种柱距在布置建筑梁柱的经济性和空间使用的灵活性方面都较好，在有地下停车库时这种柱距可并排停放三辆小汽车。

商场的层高一般根据建筑的通风方式决定。通风方式分为自然通风、机械排风和自然通风相结合、系统通风空调三种方式。通风方式与商场层高的有关数据参见表3-1-4。

表3-1-4　营业厅最小净高与一般层高

通风方式	自然通风			机械排风和自然通风相结合	系统通风空调
	单面开窗	前面敞开	前后开窗		
最大进深与净化高比	2：1	2.5：1	4：1	5：1	不限
最小净高(m)	3.20	3.20	3.50	3.50	3.00
一般层高(m)	底层层高一般为5.4～6.0m，楼层层高一般为4.5～5.4m				

注：设有全年不断空调、人工采光的局部空间的净高可酌减，但不应小于2.40m。

2）营业厅的通道尺度

表3-1-5为闭架式销售下各级通道的宽度，该表是根据2004年以前我国商场设计的大量数据统计得出的。

表3-1-5　闭架式销售下各级通道的宽度

通道位置	最小净宽(m)
通道在两个平行的柜台之间	1.50
柜台长度均小于7.50m	2.20
一个柜台长度小于7.50m， 另一个柜台长度为7.50～15m	3.00
柜台长度均为7.5～15m	3.70
柜台长度均大于15m	4.00

注：1.通道内如有陈设物时，通道最小净宽应增加该物宽度。

2.无柜台售区、小型营业厅依需要在本数据20%内酌减。

3.本表摘自《建筑设计资料集》。

但近几年来，全国各大中城市除了特殊的商品之外，绝大部分都采取了开架销售方式。尤其是各省会以上城市，各类大中小商店，能开架的几乎全部开架销售，甚至有的专业精品店，较小、较贵重的商品也实行了开架销售。因此，对商场通道宽度的概念应有新的认识。

开架销售方式使营业厅内基本取消了"买方空间"和"卖方空间"的概念，顾客活动和占用的空间大大增多，容纳量和通行量也大大增加。比如按原来的概念，大型商场两组营业柜台之间的通道，在柜台长度均大于15m时，往往宽度要大于4m，以应付相向而行的两股人流。在现代开放式设计的商场中，由于柜架周围留有顾客活动、挑选商品空间，每个单元又有环绕的通道，如果在主通道和次通道的布置、交叉方面作出合理的调配，碰到人流交叉相向而行等上述情况，一部分人流看到前方比较拥挤，会从旁边方便地通过。因此，我们认为，大型商场，除了人流交汇的门厅、电梯厅等特殊的过渡性空间之外，一般主通道设计宽度可以不超过3m（个别例外），次通道或单元之间的环绕通道宽度在2.2～2.5m之间，柜架之间的通道宽度有1.4～1.8m已足够，还有的会小一些（如高度在1.5m以下的成衣挂放架之间的通道，两个人能侧身通过即可），距离一般为1.0～1.2m。

3）柜架摆放与陈列方式

① 封闭式。适用于化妆品、珠宝首饰、手表等贵重、小件商品的销售。

② 半开敞式。实际上是局部相对独立的开敞式陈列，它的开口处面临通道，左右往往同其他类似的局部开敞式单元相连，而围绕在营业厅的周边（墙面）布置，形成连续的由局部单元组成的陈列格局。这种格局在大中型商场内占有相当大的比重，可以摆放不同品种、不同类型的商品系列。

③ 综合式。开闭架结合的形式，在现代商场的设计中也比较常见。如服装展区，服装可以用开架形式，服装饰品、领带、皮带扣、胸针、领花等用封闭柜架。这种陈列布置方式高低结合，层次丰富。

④ 开放式。目前和今后都会大量应用的陈列形式。往往按不同的商品系列和内容，在商场大厅的中央位置分单元组合陈列，单元之间由环绕的通道划分。设计时应注意单元之间的独特性与单元内部陈列柜架的统一性。柜架的高度比较统一，且一般不超过人体水平视线，尺度以易观赏、易拿取为宜，一般不做高柜架（尤其是中型商场），保持营业厅的通透度、宽

敞感与明快感，在统一中求变化。有时，在一个较大的区域里，几个单元使用同一造型、同一颜色的饰柜，同时天花板与地面也不作较大的色彩与造型变化，而把丰富空间的任务交给商品。利用商品的造型、色彩以及各生产厂家的现场POP广告、灯箱、标志装扮空间，达到既烘托商品，又丰富空间的目的。

（4）陈列基本设备

1）柜台

这是闭架销售的基本设备，用于展出商品及隔开顾客活动区域和工作人员销售区域。目前常见的柜台有以下三大类。

① 金银首饰品和手表销售柜台。其长度一般为1200～2000mm，高度为760～900mm，宜采用桌面高度，以便于顾客坐下来仔细挑选和观看。柜体一般为单层玻璃柜，为确保贵重物的安全，许多都用了胶合玻璃，柜台内有照明灯光，且多用特别的点光源，以增加商品的清晰度与高贵感。柜内放置托盘，便于销售工作人员拿取。正面一般设计比较考究，后面下部有小柜存放工作人员的小物品等。

此外，还有一些专卖人造首饰的柜架，由于商品的价值相对不那么昂贵，常常以开架的形式供消费者观看。

② 化妆品销售柜台。其长度一般为1000～2000mm，宽度为500～600mm，高度为750～900mm，一般设计为双层玻璃柜。正面设计也较为讲究，多用各色胶合板按各品牌企业的策划色来装饰表面，同时搭配不锈钢、有色金属（多为软金）及名贵木胶合板，在灯光的配合下显得华贵、浪漫。同一化妆品销售区域内柜台的结构可大致相同。但由于各品牌的装饰用色不同，组合在一起又形成了丰富多彩的面貌。

③ 其他小商品经营展示柜。基本结构尺寸与金银首饰手表柜、化妆品柜类似。采用单层还是双层玻璃搁板要视所经营商品的情况来确定。

由于柜台基本结构大同小异，设计者要注意以下两个方面。一方面是内在使用是否方便。这要求设计要考虑全面，注意细节，比如五金配件柜台在抽屉与门扇的结构设计方面就要仔细。另一方面，柜台选型可以千变万化。在材料色彩的搭配、线条造型的选用上，特别是柜内照明光和柜外装饰光的设计方面，要合理搭配。

2）低尺度开放陈列架（或中小商品陈列架）

在商场中间部位的低尺度开放陈列架，一般高度不超过人的视线，可以分为两大类。

① 按基本结构设计的可变换位置、灵活摆放的柜架，这一类柜架占总数量的70%～80%。其中又可再分为陈列、存放服装的柜架和陈列日常用品、中小家电产品通用的柜架两种基本形式。

② 根据商品的特性和区域装饰的需要设计的、形式独特的、可移动的异形柜架。

3）高尺度陈列柜架

按位置分，常用高尺度柜架有靠墙摆放、靠柱摆放及作为隔断进行空间分割三种。

按销货形式分，常用高尺度柜架有开放式和闭架式两种。开放式的方便顾客随意观看、挑选，闭架式的则往往前面有低尺度的柜台隔开服务人员和顾客。

按照机动性分，常用高尺度柜架可分为固定式和可移动式两种。

根据商品的特性，现在也有将高尺度柜架做成商品展台的，大约是从地面算起至60cm高度。一般情况下，60～150cm高度为最佳陈列空间区域，手拿及近距离观看最方便；150～220cm高度为一般陈列区域，这一区域手拿有所不便，但观赏效果比较明显，这一区域要结合商品的特点进行考虑，以便把这一空间的潜力更好地发挥出来；220cm以上的高度一般都安放商品的广告灯箱，宣传商品品牌。

由于展开的正面较大，所以高尺度柜架不仅能大量地陈列商品，而且对美化空间也具有较为重要的作用。另外，它还常常与灯箱广告相结合，起到宣传推广产品的作用。现在高尺度柜架的设计早已突破传统的"柜"和"架"的形式，有的是两种兼有，有的与柱面、壁面的美化艺术相结合，另外，其最大的一个特点，就是利用各种光源对整个柜架进行烘托，对商品进行重点照明，由于"光"这一现代装饰手段的加入，使得柜架的形式千姿百态。

商业卖场是一个公共空间，每天有成百上千，甚至成千上万的消费者来消费，但他们关注的内容是各不相同的。设计应该和商业卖场（包括市场营销）之间紧密结合，最终形成终端销售，促进商品价值的实现。设计师应当多为消费者考虑，以更加敏锐的目光去发现好设计的优点，从而通过对自身设计问题的调整，加强对商业卖场空间设计的深度。

3.2 餐饮空间

餐饮空间是指在一定的场所，公开地为一般大众提供食品、饮料等餐饮服务的设施和公共餐饮场所，通过即时加工制作、展示销售等手段，向消费者提供食品和服务。餐饮空间主要包括餐馆、快餐店、食堂等。

（1）餐馆

餐馆（又叫酒店、酒家、酒楼、饭店、饭庄等）指以各式饭菜（中餐、西餐、日餐、韩餐等）为主要经营项目的单位，包括火锅店、烧烤店、茶室等，设备简单，规模小，分布广泛，运营风险小，但竞争激烈。设计风格受当地人口、经济发展水平、文化影响比较大（图3-2-1）。

（2）快餐店

当今社会中，人们的餐饮消费观念逐步改变，外出就餐更趋于经常化和理性化。随着可选择性的增强，人们更加趋于追求品牌质量、品位特色、卫生安全、营养健康和简便快捷。于是，快餐店成为当今餐饮空间的主力军，在设计方面更是风格各异。快餐店就是以集中加工配送、现场分餐食用并快速提供就餐服务为主要服务内容的单位，主要有中式快餐和西式快餐两种（图3-2-2、图3-2-3）。

> 图3-2-1　西班牙个性餐厅

> 图3-2-2　北京崇文门李先生牛肉面店面设计

> 图3-2-3　西班牙快餐厅

（3）食堂

　　食堂指设于机关、学校、企业、工地等场所，供内部职工、学生就餐的单位。相对于前两种餐饮空间，食堂设计更加亲民化，设计风格要求与机关、学校、企业等大环境相符合，不能过于个性（图3-2-4）。

> 图3-2-4　清华大学食堂

餐饮空间不仅仅是人们享受美味佳肴的场所，还具有人际交往和商贸洽谈的功用，就餐环境的好坏直接影响人的消费心理。依用餐目的不同，顾客选择的餐饮空间也有所区别。总体来说，营造吻合人们消费观念且环境优雅的餐饮空间，是设计首先要考虑的问题。

3.2.1 设计内容

餐饮空间的设计首先要考虑空间的划分。而现代餐饮空间的规划主要是指功能区域的分配与布局，这主要是按经营的定位要求和经营管理的规律来划分的。另外，要求与环保卫生、防疫、消防及安全等特殊要求来同步考虑。一般来说，餐饮空间可分为就餐区、制作区及其他辅助空间。

（1）就餐区

就餐区是餐饮空间设计最主要的部分。一般应围绕特定的设计理念进行一定的主题性设计，通过营造整个就餐空间环境向目标群体表达一定的思想主题和经营理念（图3-2-5、图3-2-6）。

就餐区的设计重点在于，一张桌子与数把椅子或座席组合成的客席构成单位，如何与整体布局设计相结合。在布局设计中，客席的基本间距如图3-2-7所示。根据用途，客席布局可设计成多种形式（图3-2-8）。

纵向布局——是客席布局的基本形式，比较常见。通常从引导空间开始向进深方向纵向

> 图3-2-5 乌克兰主题餐厅

> 图3-2-6 意大利音乐餐厅

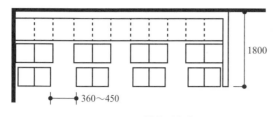

> 图3-2-7　排椅型客席

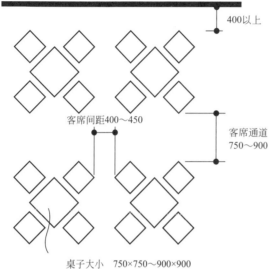

> 图3-2-8　分散式客席

> 图3-2-9　意大利休闲餐厅制作区

排列。客席的构成具有简单明快的形式特点，因此顾客选择席位时比较方便，服务效率也很高。但容易产生单调生硬的感觉。

横向布局——与主要的客席通道成直角布置的形式，顾客选择席位及服务都不方便。

纵横向布局——纵向与横向混合的形式，能提高客席效率。但是动线组织方式及服务动线比较复杂烦琐。

变形式布局——以曲线式、曲折式等方式布局的形式，易形成变化而有个性的客席构成形式。

分散式布局——分为按一定感觉整齐布局的形式和不规则布局的形式，客席上的座位相互分离，能营造出宽松的环境氛围，但客席效率会大大下降。

餐厅桌椅应设置大小不同的规格，以满足二三个或七八个不同就餐人数的需求。桌椅排布组合既要与餐饮文化相匹配，还要考虑其实用性与灵活性，要使之与各不同功能的空间合理搭配。

（2）制作区

制作区在餐饮空间中与就餐区同等重要，在设计上却往往会被忽略。虽然制作区属于非营业空间，但却占有餐厅中相当一部分面积，在设计上应加以重视。不同等级的餐饮的制作区也有不同的功能与之配套（图3-2-9～图3-2-11）。

1）基本设计

制作区的位置——在综合考虑食品原材料的搬运，客席服务动线的顺畅，各种设备的搬入、链接、维护的方便性等事项之后再做定夺。在复合型商场内设置的餐饮店，要考虑商场内部整体管道井的位置。

厨房面积——在综合考虑烹饪器具的类

别、厨师人数、烹饪工作流程、食品素材/烹饪材料的储存方式等的基础上再做决定。

厨房形式——有开放型、部分开放型和封闭型三种形式。为了防止火灾蔓延，按某种形态设置防火分区也是非常重要的（明火分区）。

2）厨房工作流程

厨房中的具体工作流程主要有：食材粗加工作业、烹饪食材的主厨作业、提升菜品价值的装盘作业、节省动线及不降低菜品价值的备餐作业、顾客的点餐等服务作业、用餐后餐具回收作业，以及残羹剩菜的处理和餐具的洗涤消毒作业、为后续顾客服务的餐具摆桌作业等。

3）烹饪器具的布局设计

要选择与烹饪菜品相匹配并能保证菜品质量的烹饪器具。重要的是，烹饪器具数量要与高峰时的翻台数相对应，并且烹饪器具的排列要与烹饪作业的工作分区相适宜等。

> 图3-2-10 墨西哥休闲餐厅制作区

> 图3-2-11 乌克兰主题餐厅制作区

（3）其他辅助区域

1）管理区

管理区的数量与餐饮空间的等级相适应，一般较低标准的餐饮空间所需的办公用房可能较少，有时一间或几间，主要包括工作人员所需的更衣、浴厕等房间。管理区一般可以与制作区人员用房合设，位置靠近制作区，方便管理和出入（图 3-2-12）。

会议室　　　　　　　　　　办公室　　　　　　　　　　培训室

> 图3-2-12 东京蓝瓶咖啡馆管理区，建筑师希望通过设计将"公平关系"
> 带到所有来访的人们中间，这成为蓝瓶咖啡馆最主要的空间设计主旨

2）就餐等候休息区

在空间面积许可的情况下，应设置就餐等候休息区。这个区域没有特殊要求，一般设置在餐厅入口处，配有多个座椅和小型餐桌（数量根据餐厅的规模和可容纳就餐人数而定）。如是高档餐饮空间，可配备不同的娱乐设备，如棋牌游戏、电视、体感游戏机等（图3-2-13）。

> 图3-2-13　加利福尼亚Farmshop餐厅等候区

3）前厅

大厅与门厅一般合称为前厅。标准较高的餐厅设有大厅，为顾客进入不同餐厅的缓冲区，是水平与垂直交通联系的枢纽，也是室内与室外过渡的空间，主要起疏导与集散人流的作用。根据餐厅的不同标准，前厅的规模和内容也会不同。有的餐厅将楼梯、电梯设置于前厅，也有标准较低的餐厅不设前厅，将顾客出入口、门斗、楼梯等设置于餐厅之中（图3-2-14 ～图3-2-16）。

> 图3-2-14　墨尔本南部　　> 图3-2-15　菲尔普斯·约瑟夫　　> 图3-2-16　菲尔普斯·约瑟夫
　　的金融沙龙餐厅前厅　　　　餐厅前厅（1）　　　　　　　餐厅前厅（2）

4）卫生间

卫生间是餐饮空间功能区中必不可少的一部分。卫生间的大小需要考虑餐厅的整体容量和客流量，如果卫生间面积设计过小，会导致顾客等待时间过长，影响顾客的心情；如卫生间面积设计过大，则会造成餐厅使用面积的浪费，同时对整体布局也造成影响。

餐饮空间卫生间设计的位置和朝向在整体布局中很有讲究。比如，卫生间的门不可直冲餐桌，如空间不允许，需在门前加遮挡；卫生间设计中选择材质时，地板和面饰应防滑、防水、耐腐蚀、易清洗，花纹和颜色则应该考虑到餐厅的主要风格和设计主题。

餐饮空间设计需要在一定的空间范围内，达到各功能区的相互协调，因而在设计中，要综合运用艺术设计语言，通过独特的主题、合理的空间安排，准确地传达设计理念，使其产生特定的环境氛围，以满足目标顾客的就餐需要及精神要求，最终达到使经营者盈利的目的。餐饮空间设计与一般公共空间的设计不同，除了为人们提供一个就餐场所外，更重要的是强调一种让人身心放松的就餐氛围（图3-2-17）。

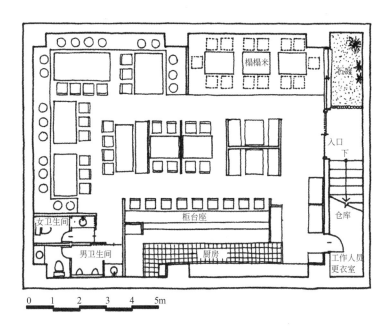

> 图3-2-17　某餐厅平面图

3.2.2　设计要求

餐饮空间设立之初就是为了解决顾客"吃"的问题，但随着精神与物质需求的增长，人们不再满足于单一性，更倾向于在饮食上追求多样化，从而产生了不同的餐饮空间。餐饮空间也因设计风格的不同，其平面布局也有所不同。

（1）平面布局形式

1）中式餐厅

中式餐厅在环境的整体风格上力求体现中华文化的精髓，充分发挥民俗特色。因此，中式餐厅的装饰风格、室内特色，都应围绕"文化"与"民俗"展开设计创意与构思。其中，中式餐厅的平面布局最具特色，可以分为两种类型：以宫廷、皇家建筑空间为代表的对称式布局和以中国江南园林为代表的自由与规格相结合的布局。

① 宫廷式。采用严谨的左右对称方式，在轴线的一端常设主宾席和礼仪台。空间开敞，

场面宏大，彰显隆重热烈，适合于举行各种盛大喜庆宴席。与这种平面布局方式相关联的装饰风格与细部常采用或简或繁的宫廷式做法。

② 园林式。借鉴园林自由组合的特点，将室内的某一部分结合休息区处理成小桥流水，而其余各部分结合园林的漏窗与隔扇，将靠窗或靠墙的部分进行较为通透的二次分割，划分出主要就餐区与若干次要就餐区，以保证部分就餐区具有一定的紧密性，满足部分顾客的需要。就餐区可以通过地面的升起和顶棚的局部降低来分割空间。与这类布局方式相关联的装饰风格与细部常采用园林设计中的符号与做法。

2）西式餐厅

西式餐厅泛指以品尝国外的饮食，体会异国餐饮情调为目的的餐厅。就餐单元常以2～6人为主，餐桌为矩形，进餐时桌面餐具比中餐少，但常以美丽的鲜花和精致的烛具对台面进行点缀。西式餐厅对顾客来说，既是餐饮的场所，更是社交的空间。因此，淡雅的色彩、柔和的光线、洁白的桌布、华丽的脚线、精致的餐具、安宁的氛围、高雅的举止等共同构成了西式餐厅的特色。

西式餐厅的平面布局常采用较为规整的方式。酒吧柜台是西式餐厅的主要景点之一，也是每个西餐厅必备的设施，更是西方人生活方式的体现。西式餐厅特别强调就餐单元的私密性，这一点在平面布局时应得到充分的体现。西式餐厅创造私密性就餐环境的方法一般有以下几种。

① 抬高地面或降低顶棚。这种方式创造的私密程度较弱，但能让人比较容易地感受到所限定的区域范围。

② 利用沙发座的靠背形成较为明显的就餐单元。"U"形布置的沙发座常与靠背座椅相结合，是西餐厅特有的座位布置方式之一。

③ 利用刻花玻璃和绿化槽形成隔断。这种方式下围合的私密性程度要视玻璃磨砂程度和高度来决定。一般这种玻璃都不是很高，距地面在1200～1500mm之间。

④ 利用光线的明暗程度来创造就餐环境的私密性。

图3-2-18～图3-2-20是几种不同风格的西式餐饮空间的平面图。

（2）就餐形式

1）单人就餐空间形式

一个人的餐饮活动行为无私密性，主要以小型餐台及吧台两种形式出现。小型餐台高700～750mm，座椅高450～470mm。吧台主要出现在酒吧或带有前部用餐台的餐饮空间，台面高1050mm左右，吧凳高750mm左右。

2）双人就餐空间形式

双人就餐时呈现一种亲密型用餐形式，所占空间尺度较小，便于拉近用餐者距离，可形成良好的用餐环境。一般餐饮空间及咖啡厅都有此种形式。两人方桌边长不小于700mm，圆桌直径在800mm左右，整体占地约1.5～2.5m²。

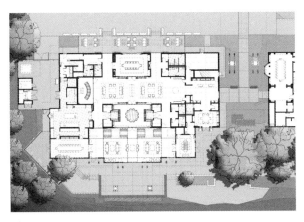

> 图3-2-18 菲尔普斯·约瑟夫餐厅

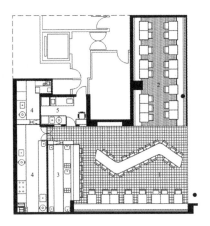

> 图3-2-19 里约热内卢美食餐厅

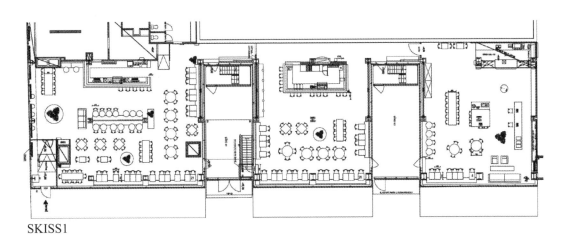

> 图3-2-20 瑞典林德沃工业风格餐厅

3）4人就餐空间形式

这是一种最为普通的就餐形式，它出现在各种形式的餐饮空间中，成为小范围聚会用餐的良好选择。一般4人方桌约900mm×900mm，4人长桌约1200mm×750mm，4人圆桌直径在1050mm左右，高度在700～750mm之间，整体占地面积1.8～3.3m²。

4）多人就餐空间形式

多人就餐空间形式一般多于6个座位，适合于多人的聚会，通常出现在较大型的餐饮空间。根据座位数的多少，桌子的尺寸有所不同。6人长桌一般为1500mm×700mm，8人长桌一般为2300mm×800mm，6人圆桌直径一般为1200mm，8人圆桌直径一般为1500mm，整体占地面积较大。

5）卡座就餐空间形式

卡座与散座相比增加了私密性。卡座的一侧通常会依托于墙体、窗户、隔断等，座椅背板亦可起到遮挡视线的作用，从而形成较为私密的区域。根据用餐人数的不同座位长度不等，一般情况下为4～6人用餐。餐厅设计中通常将卡座与散座组合设置，这样有利于满足餐厅环境的多样性要求。

6）半围合隔断就餐空间形式

半围合的空间形式具有较好的遮挡效果，形式灵活多变，私密性较强。这种形式介乎于散座与包间之间，占地面积较小，与外界联系紧密。

7）独立包间就餐空间形式

这种餐饮形式一般出现在中高档餐饮空间。容纳4～6人的小型包间配有餐具柜，面积不小于4m²；容纳4～8人的中型包间配有可供4～5人休闲的沙发组，面积不小于15m²；多于12人的用餐空间为大型包间，入口附近还要配备供该包间顾客使用的洗手间、配餐间；也有些大包间设2张餐桌，可同时容纳20～30人。

（3）餐饮空间设计中的基本尺度

1）人体基本尺度

尺度是设计中最基本的"人-机"问题。"人"是设计的主体，人体尺度是人体工程学中最基本的数据之一。人体尺度以人体构造尺寸为基本依据，通过测量人体静态及动态的各个部分尺寸，用以研究人的形态特征，确定人在空间中的舒适范围和安全限度。餐饮空间设计离不开人体尺度要求，在设计时需考虑人的静态尺度和动态尺度。

① 静态尺度

静态尺度又称结构尺度，是人体在静止条件下所测得的尺度。静态尺度以人体构造的基本尺寸为依据，主要用于设计工作区的大小。

静态尺度计测可在坐姿、立姿、跪姿、卧姿四种基本形态下进行。每种基本姿势又可细分为各种不同形式姿势。如坐姿包括后靠坐姿、高身坐姿（座面高60cm）、低身坐姿（座面高20cm）、作业坐姿、休息坐姿和斜躺坐姿六种。依据上述坐姿测量数据可在设计餐饮空间座椅时，综合考虑椅面高度、背靠高度、扶手高度、软硬度等影响座椅舒适度的设计因素。另外，人体尺度因国家、民族、地区、年龄、性别等的不同而存在较大的差异。参考2021年中国国民体质监测公报中的身高统计数据，中国年轻男子平均身高为172.6cm，中国年轻女子平均身高为160.6cm，可在此基础上进行设计（图3-2-21）。

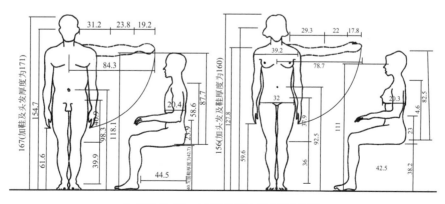

> 图3-2-21 中国年轻男女基本静态尺度

② 动态尺度

动态尺度又称功能尺度，是受测者处于执行各种动作的情况下各种动作幅度所占空间的尺度。人们在从事某种活动时，并不是静止不动的，大部分时间处于活动状态，因此，人在不同姿势时的活动范围是研究的重点。动态尺度可分为四肢活动尺度和身体移动尺度两类，前者是在身体位置没有变化的情况下上肢或者下肢活动，后者包括姿势改换、行走和作业等活动。

在任何一种活动中，人往往需要通过水平或垂直方向两种或两种以上复合动作来完成目标行为，且动作具有协调性及连贯性的特点。在餐饮空间中，相关研究数据可作为餐饮空间通道、隔断、服务设施等的设计依据，解决不同层次的需求，以满足人与人、人与物、人与环境之间的交流需求。

2）人体尺度在餐饮空间设计中的应用

人体基本尺度是餐饮空间中所需空间、家具、设施、布局等设计的主要依据。这不仅仅是设计人本化的体现，更是细节品质化的表现，例如，很多餐厅为了更好地体现人文关怀，还专门为婴儿提供了座椅，更好地提升了餐饮空间的档次及顾客的满意度，创造出便利、舒适、安全的就餐环境。

① 客席形式及尺度

人体尺度是客席设计的重要依据，而餐座面积则是餐饮空间设计的基本单位和计量标准，它包括就餐者的座位面积与活动面积，以m^2/座表示。客席形式根据餐饮形式与就餐人数的不同可分为方桌、圆桌、长桌、卡座和柜台席等，其组合构成、尺寸参数及餐座面积见表3-2-1，餐厅坐势占用空间尺度见图3-2-22。

表 3-2-1 餐饮空间座席参数

客席形式	布置形式	桌面尺寸参数(mm)	餐座面积（m^2/座）	备注
方桌	垂直布置　　45°倾斜布置	4人，780 ~ 900	0.7 ~ 1.2	常用于咖啡厅
圆桌		4人，900	1.3 ~ 1.5	常用于咖啡厅
		6人，1100 8人，1300 10人，1500 12人，1800	0.9 ~ 1.3	常用于餐厅
		14人，2400 16人及以上，3000	1.0 ~ 1.1	常用于宴会厅

续表

客席形式	布置形式		桌面尺寸参数(mm)	餐座面积 （m²/座）	备注
长桌	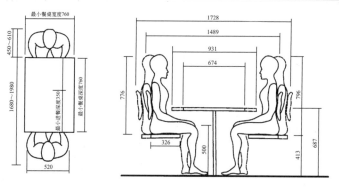		2人，长800~1000，宽600~650	1.3~1.5	—
			4人，长1000~1300，宽700~850	1.0~1.1	餐厅占比例最多
			6人，长1400~1500，宽750~1000	0.8~1.2	—
			8人及以上，长≥2200，宽800~1000	0.8~1.1	常用于西餐厅
卡座	规范形式			0.7~1.0	常用于餐厅
	变化形式			0.7~1.0	
柜台席				0.5~0.7	常用于酒吧、餐厅

> 图3-2-22　餐厅坐势占用空间尺度

② 通道尺度

餐饮空间中通道的宽度是按人流股数计算的，每股人流以600mm计算。通道根据通行频率可分为主通道和次通道。一般来说，餐饮空间中的次通道应通过1~2股人流，主通道应通过2~4股人流。不同空间布置方式有不同的通道尺度，用餐区域根据不同的布局形式也有不同的通道尺度（图3-2-23）。

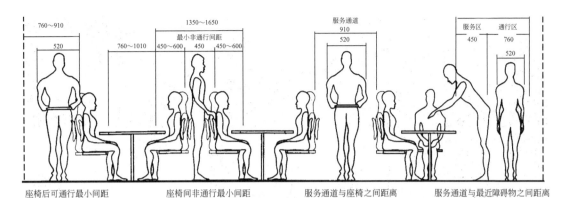

座椅后可通行最小间距　　　座椅间非通行最小间距　　　服务通道与座椅之间距离　　　服务通道与最近障碍物之间距离

> 图3-2-23　服务通道与座椅之间的距离

餐饮空间是一个公共空间，是环境与人的行为不断冲突和不断融合的空间。人的行为差异导致人对这个环境空间接受的程度不尽相同，但不管这个空间的形态怎样变化，功能的组织是设计师最应该优先考虑的问题，即形式是为功能服务的，功能、环境的不协调是餐饮空间设计的大忌。

3.3　酒店空间

酒店是集工作、消遣、集会、娱乐、餐饮及购物于一体的场所，是一个浓缩的社会，一个城市中的城市，也是现代生活不可缺少的，能为出差旅行与闲暇旅行提供更多、更全面服务的商业空间。常见的酒店空间的形式有以下几种。

（1）商业性酒店

商业性酒店主要是为从事企业活动的商业旅游者提供住宿、膳食和商业活动场所及相关设施的酒店。一般来讲，这类酒店位于城市中心。商客居住的时间大都在星期一至星期五（从事商业活动的时间），因周末为商业性游客的假日，因此很少来酒店订房居住或办公。

酒店的服务项目、服务质量和服务水平要高，设施要舒适、方便、安全，从而为商业旅游者创造方便的条件。国际酒店集团所属的酒店，绝大多数是商业性酒店，他们根据旅游市场的需求比例，建造各种类型的酒店。如纽约希尔顿酒店（图3-3-1）、芝加哥凯悦酒店、华盛顿马里奥特酒店、日本东京帝国酒店等都是典型的商业性酒店。

（2）长住式酒店

长住式酒店主要为一般性的度假旅客提供公寓，它被称为公寓生活中心，主要接待长住客人。酒店向长住商客提供正常的酒店服务项目，包括客房服务、饮食服务、健身服务等，同时也要提供交通方便、安静的住所。长住酒店的顾客不像一般的游客那样在酒店就餐、购买纪念品及在公共服务项目上消费甚多，因此，长住式酒店一般住宿收费较高。

> 图3-3-1 纽约希尔顿酒店

（3）度假式酒店

度假型酒店一般设在自然环境优美、气候舒适宜人的地区，四季皆宜，树木常青，且尽量位于海滨、山水景色区或温泉附近，远离繁华嘈杂的城市中心，同时需交通便捷（图3-3-2）。度假式酒店除了提供一般酒店所应有的一切服务项目外，因主要是为度假游客提供娱乐和度假场所，最重要的项目便是它的康乐中心。

我国部分海滨城市有度假式酒店，如北戴河、青岛、大连等地的度假式酒店，属于非热带气候的季节性度假酒店。另有一些酒店的设施和服务已具有国际水平，如深圳的西丽湖度假村、香蜜湖度假村酒店及常熟的阅山轩假日酒店，珠海的游乐中心以及长江宾馆等，吸引了大批的国内外游客前去度假。

> 图3-3-2 浙江莫干山裸心堡度假酒店

（4）会议酒店

会议酒店是专门为各种从事商业贸易展览会、学术研讨会等客商提供住宿、膳食、展览厅或会议厅的一种特殊性酒店。会议酒店的设施不仅要舒适、方便，还需提供怡人的客房和美味的餐饮，同时要有规格不等的会议室、谈判间、演讲厅、展览厅等，并且会议室、谈判间里要有良好的隔板装置和隔音设备（图3-3-3）。

> 图3-3-3　西班牙奥利维亚乳香酒店

3.3.1　设计内容

现代酒店的功能早已超越了传统旅店的功能。社会的发展和科技的进步使得酒店的服务更加完善，更加具有针对性，因而研究社会不同的消费人群，确立目标消费者和市场经营目标，并根据目标需要来思考酒店的投资、建设规模以及等级定位，可使现代酒店的经营始终朝着更具特色的方向发展（图3-3-4）。

> 图3-3-4　温泉假日酒店

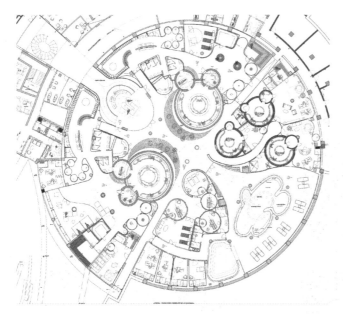

> 图3-3-5　某酒店大堂平面图

酒店服务区一般可划分为客房区、餐饮区、接待区、管理区和其他辅助区域。其功能划分既要满足客人食宿、休闲的各种需要，还要保证酒店管理方各项工作的顺利进行（图3-3-5）。

（1）客房区

客房是酒店获取经营收入的主要来源，是客人入住后使用时间最长，也是最具私密性的场所。客房设计要尽量节约公共面积，缩短疏散距离和服务流程的交通路线，完整而合理地布置好客房里所有电源和开关的位置等。设计时首先要深化所有使用功能方面的设计，然后选定客房的风格，明确客房的文化定位和商业目标。客房按功能划分，可分为卧室、工作区、休闲会客区、卫生间等功能区。

1）卧室

客房的卧室是以休息为主的，装修后的空间层高不得低于3.2m。照明应使用低照度和光线柔和的照明，以构成宁静、舒适的氛围，考虑到客人需要工作或学习，通常局部装有壁灯、台灯、落地灯、床头灯，最好加上调光装置，所用灯罩的颜色和造型也要与环境、客房装饰设计相协调（图3-3-6）。

2）工作区（商务酒店）

以书写台为中心，家具设计成为这个区域的灵魂，强大而完善的商务功能在此体现出来。书写台位置的安排也应根据空间仔细考虑，一般需要良好的采光与视线，宽带、传真、电话以及其他插口要一一安排整齐，杂乱的电线也要收纳得具有条理（图3-3-7）。

> 图3-3-6　阿姆斯特丹INK酒店

> **图3-3-7 波兰格但斯克酒店**

3）休闲会客区

传统商务酒店客房的会客功能正在渐渐弱化，如今的酒店客房越来越趋于强化空间舒适度。设计中将诸如阅读、欣赏音乐等很多功能添加进去，增加了空间的休闲性质，改变了在传统客房中，顾客只能躺在床上看电视的单一局面（图3-3-8、图3-3-9）。

> **图3-3-8 葡萄牙格兰朵拉乡间旅舍**

> **图3-3-9 博德鲁姆海滨酒店**

4）卫生间

客房卫生间风、水、电系统交错复杂，设备多，面积小，在这方面，需干湿区分离，避免功能交叉、互扰。整体设计应遵循人体工学原理，进行人性化设计。卫生间的淋浴与浴缸需分开单独设置（图3-3-10、图3-3-11）。

> 图3-3-10　贝德福德酒店的卫生间

> 图3-3-11　克劳福德酒店的卫生间

除此之外，酒店客房设计还要保证安全性和舒适性。设计在符合防火要求、保持客房私密性的同时，还要满足顾客的生理、心理要求，从物质功能和精神功能两个层次，来反映酒店的等级与特点。比如，经济型酒店客房需满足客人基本的生理要求，保证客人的健康；星级豪华酒店的客房装修标准除了提高室内光、声、空气的质量，还要进一步从室外环境、空间、家具陈列等各方面创造有魅力、有特色的客房环境。

（2）餐饮区

餐饮经营收入弹性大，在酒店整体收入中占有较大比重。因此，餐饮区设计在酒店设计中不容忽视。酒店中的餐饮空间，一般包括中餐厅、西餐厅、酒吧、咖啡厅、宴会厅等。

餐厅一般分为入口、等待区、客席、配餐间、厨房和服务台等区域，设计内容与餐饮空间要求相同（图3-3-12、图3-3-13）。这里需着重注意，宴会厅与餐厅不同，常分宾主。因此，宴会厅常作对称、规则的格局，有利于布置和装饰陈设，形成庄严隆重的气氛。宴会厅还应考虑设置宴会前来客聚集、交往、休息和逗留的活动空间。

> 图3-3-12　巴塞罗那镜子酒店的餐饮区

> 图3-3-13　挪威世博酒店的餐饮区

（3）接待区

接待区主要向客人提供咨询、入住登记、离店结算、兑换外币、转达信息、贵重物品保存等服务。接待区是酒店的主要焦点，应设置在宽敞的入口广场和门厅（有的设置前庭）。接待区是体现酒店品牌、形象及文化的窗口，有利于酒店品牌的宣传，在设计时既要考虑规划的合理性，还需突出个性化装修细节，以便吸引顾客关注（图3-3-14～图3-3-16）。

> 图3-3-14　挪威世博酒店接待区　　> 图3-3-15　墨西哥卡门沙滩君悦　　> 图3-3-16　巴塞罗那
> 酒店接待区　　　　　　　　镜子酒店接待区

（4）管理区

管理区是提供给酒店工作人员的区域，对顾客来说是较少接触的。对于管理区位置的选择要相对隐蔽，要有良好的光线和自然通风渠道。设计要相对简约，重点是营造工作氛围。

（5）其他辅助区域

1）大堂

酒店大堂与中央大厅是确立酒店给人的第一印象的一个重要空间。顾客通过酒店大堂与中央大厅走进客房或其他空间，因此，这个空间是奠定顾客对整个酒店印象的重要区域，它充分展示着酒店的档次。

酒店大堂与中央大厅的大小是由客房的数量和宾馆的规模决定的。其中，酒店大堂设计的重点为前台，它是一个接待区域，在规划中应该考虑实现登记、体现个性化服务与沟通等重要功能（图3-3-17～图3-3-19）。

> 图3-3-17　布鲁克林Ace　　　　> 图3-3-18　物与岚·设计收藏　　　　> 图3-3-19　亚朵酒店大堂
　　　　　　　酒店大堂　　　　　　　　　　　　　酒店大堂

2）中庭

酒店中庭是贯穿多层的高大空间，作为建筑的公共活动中心和共享空间，以及与交通枢纽有密切联系的空间，通常布置绿化景观、休息座椅等设施，根据酒店的建筑功能空间情况，中庭可以是多功能的（可以进行多种形式的活动），也可以是比较单一的休闲空间（图3-3-20～图3-3-22）。

> 图3-3-20　Condesa　　　　> 图3-3-21　Bohinj酒店中庭　　　　> 图3-3-22　Sorano酒店中庭
　　　　　　　DF酒店中庭

3）康体区

康体区是给顾客提供聚会、约会、欣赏各种表演等放松身心并进行情感交流的场所。康体区域的大小根据酒店的规模而定，通常会以游泳池、KTV、汗蒸房等形式出现。康体区强调不同用途空间氛围营造的艺术性，及基础设施的使用功能（图3-3-23～图3-3-25）。

> 图3-3-23 Torgglerhof苹果
度假酒店康体区

> 图3-3-24 安缦伊沐温泉
度假村康体区

> 图3-3-25 Olea全套房
酒店康体区

4）停车场

酒店停车场的设计根据其结构特点划分，可分为地下停车场、屋顶停车场、露天停车场等。设计需根据酒店的规模和客流量的大小来规划停车场面积及位置。

3.3.2 设计要求

酒店空间设计是辅助酒店营销的主要手段。设计要在遵循人体工学的基础上，注重美学的融入，重点是功能区域、客房及大堂等的设计。

（1）功能区域设计要求

酒店的基本功能大致分为前台和后台两个部分。前台是接待客人的服务部门，功能包括接待、住宿、餐饮、康乐、商务、公共活动等；后台是酒店经营管理和后勤保障部门，功能包括办公管理、工程管理、后勤服务等（表3-3-1）。

表3-3-1 酒店的基本功能空间构成（以酒店的规模大小、经营方式而定）

		接待区	入口	大堂	总台	休息区
酒店	前台	住宿区	单人间	标准间	三人间	
			套房	豪华套间		
		餐饮区	中餐厅	西餐厅	宴会厅	咖啡厅
			酒吧			
		康乐区	健身区	游戏厅	棋牌室	桑拿室
			按摩室	美容美发厅	游泳池	保龄球馆
			歌舞厅			
		商务区	商务中心	会议洽谈室	网络中心	
		公共活动	各类商店	会议厅	影剧院	多功能厅
			阅览室	园林		
	后台	办公室	行政办公室	职员办公室		
		工程部	工程管理	设备管理	设备维修	消防管理
			水电供配	计算机房	电话机房	车库
		后勤部	厨房	洗衣房	员工更衣室	员工餐厅
			培训部	员工宿舍	厨房	

酒店规划的初始程序应该是在酒店大小和级别分析的基础上考虑通行、功能以及顾客和店主的需要。公共分区、住宿分区和管理分区的每个房间都通过大堂与中央大厅这个媒介空间彼此相连。

酒店客人的活动过程都有一定的规律性，并在时空中体现出这一系列过程，因而根据内部空间中人的活动程序，酒店环境有不同的空间序列布局。酒店区域一般分为收益部分和非收益部分，两部分所含内容与所占面积如表3-3-2所示。

表3-3-2　酒店功能分区面积比例参照表

功能分区及面积比例		具体内容
收益部分 60%	住宿部分 35%～40%	标准单人间、标准双人间、各种套房
	餐饮部分 7%～10%	中餐厅、大堂吧、酒吧、茶吧、西餐厅、宴会厅
	休闲娱乐、会议部分8%～10%	KTV、健身、洗浴、游泳、会议室及其他
	行政、商务部分 10%～15%	商务房、行政房、酒吧、西餐厅、会议室
非收益部分 40%	公共空间 20%～25%	出入口、人厅、走廊、楼梯、电梯及电梯厅、卫生间
	管理空间 8%～12%	吧台、服务台、总台、前厅办公室、寄存处、职员办公室、经理室、服务部
	配套设施 12%～20%	布草房、食品库、冷库、物品库、厨房、配餐室
		机械设备部门：锅炉房、水箱、泵房、配电室、防灾管理室、洗衣房、工作室
		员工部门：食堂、休息室、更衣室、淋浴室

（2）客房设计要求

客房类型主要包括标准间、套房、单人间、三人间等多种形式，因各酒店的特色不同又有豪华标准间、豪华套房、总统套房等类别。拥有类型的多少以酒店的规模大小、经营方式而定。

客房的基本功能有休息、办公、通讯、休闲、娱乐、洗浴、化妆、卫生间、行李存放、衣服存放、会客、用餐等。由于酒店性质不同，客房的基本功能体现会有所增减。

因酒店的种类的不同，客房的分类及空间标准的制定也有所不同，下面对常见的三种酒店类型的客房分类及空间标准进行介绍。

① 五星级的城市商务酒店

空间要求：在满足客人基本生活需求外，空间要宽阔而整齐。

布置要求：生动、丰富而紧凑。

平面设计尺寸：进深9.8m，开间4.2m，净高2.9m，建筑面积41.16m²（现代大型城市的高档商务酒店客房面积一般不应小于36m²，最佳面积是42m²）。卫生间干、湿两区面积不能小于8m²。

② 城市经济型酒店

空间要求：满足客人的基本生活需求。

布置要求："小而不俗，小中有大"（利用虚实分割、镜面反射、色彩变化或一些趣味设计等方法）。

平面设计尺寸：进深6.2m，开间3.2m，建筑面积19.84m²。

③ 度假酒店

空间要求：满足家庭或团体旅游度假的入住需求和使用习惯，保证宽阔的面积和预留空间。

布置要求：具有个性化特征、突出地域文化及主题特色，能够提供多样化服务、多类型休闲及娱乐活动。

平面设计尺寸：对钢筋混凝土框架结构的度假酒店，横向柱网尺寸不小于8m，最佳尺寸是8.4～8.6m，单间客房开间不小于4m（度假酒店的客房无论档次高低，房间都该比城市酒店大一些，五星级的高档度假酒店标准客房面积最好不要小于50m²，大一点则更好）。

（3）大堂设计要求

对酒店设计来说，大堂的设计要满足更多的精神和物质需求，设计的对象也很多。其中，主要包括以下几个方面。

1）前台

前台通常可以设置为柜式（站立式），也可以设置为桌台式（坐式）。前台两端不宜完全封闭，应有不少于一人出入的宽度或更宽敞的空间，便于前台人员随时为客人提供个性化服务。前台的电脑要可以随时显示客人全部资料，平均每50～80间客房设置一部电脑。

站立式前台的长度与酒店的类型、规模、客源定位和风格均相关，通常每50～80间客房为一个单元，每个单元的宽度可以控制在1.8m。站立式前台的高度分为客用书写（1.05～1.10m）、服务书写（0.9m）和设备摆放3个高度标准，设备摆放高度依据实际尺寸和用途分别设定。坐式前台应以办理入住手续为主，同时必须另外配置一组站立式的独立结算柜台。

前台的类型可分为风格型、功能型和主题型三种。"风格型"也可以称为"时尚型"，这种类型除具有完备合理的实用功能外，设计表现为对前台整体设计特色和形式美感的追求，适用于三星级、四星级和五星级酒店；"功能型"通常以保障实用为原则，设计手法、用材均简洁、大方，成本低，不搞主题，不求宏大，只做少量装饰，适用于中低星级酒店；"主题型"前台的做法在我国曾经比较流行，通常以一组大型艺术作品作为前台背景，点化出酒店的文化主体，但这种设计要特别注意避免过于强烈的具体表现手法，反差要小，视觉感受要温和，以免带来过于沉重的视觉负担，造成客人心理上的不舒适。

2）休息区

休息区起到疏导、调节大堂人流和点缀大堂的作用，一般占大堂面积的5%～8%。休息区是免费使用的，但却可以靠近大堂酒吧或其他商业经营区域，起到引导客人消费的作用。利用高质量的家具、灯具、艺术品、陈设品和绿化盆栽进行衬托，可以使休息功能兼具观赏功能，赢得顾客的好感。

3）公共卫生间

此区域的公共卫生间的设计标准应不低于豪华套房卫生间的标准，要富有创意和个性。公共卫生间常包含第三卫生间、母婴室和清洁工具储存室。由于卫生间设计要考虑隐蔽性，入口不宜直对大堂的中央空间。

由此可见，商业空间中的酒店设计要体现酒店消费理念和经营风格，在进行装修设计之初，应该充分结合酒店的经营规模、经营产品项目和消费群体等基本情况，围绕着酒店的市场定位、流程设计、管理模式、整体布局等经营管理活动，将酒店的装修设计工作做到最好，以求达到"既能给酒店的顾客以美的视觉享受，又能够最大限度地为酒店的经营管理工作提供便利"的效果。

3.4 娱乐空间

娱乐空间是一个为人们提供休闲、娱乐、消遣的场所。随着经济的发展、时代的进步，人们对娱乐空间的设计品质、审美趣味以及服务要求也越来越精细化、多样化。这就需要设计师具备更广的专业知识和更强的综合素质，以设计出更新颖、更能满足人们身心需求的优秀作品。

娱乐空间包括室外娱乐空间和室内娱乐空间，这里主要针对室内娱乐空间进行介绍。目前，娱乐空间可概括为两种：休闲娱乐空间和健身娱乐空间。

（1）休闲娱乐空间

休闲娱乐空间是供顾客休息，使其保持身心愉悦的地方，主要有以下几种形式。

> 图3-4-1 天悦KTV，丹东

1）演艺厅

演艺厅又称歌舞厅，主要进行乐器演奏、歌舞表演和服装展演等活动。常具备必要的展演设施，是集个性化、多元化、灵活性和娱乐性于一体的场所。

2）KTV

从某种意义上来讲，KTV分为两类：一类为KTV点播系统（由不同类型的点歌机、软件等组成）；另一类为KTV演唱场所，通常称为K歌房、练歌房、卡拉OK厅等。现代KTV场所设施较为完善，通常具有能存储几十万首歌曲的自助点歌系统，还设有自助餐饮区、酒水区、包房等。顾客消费按时计费，提倡DIY，自主权较大，更人性，更自由（图3-4-1）。

3）会所

会所英文为"Club"，音译为俱乐部。会所主要为相同社会阶层的人士提供了一种私密性交往的社交环境，成为其聚会、休闲的场所。会所可以从功能设置、经营模式、区域服务方式三个方面进行分类。

① 按功能设置分为综合型会所和主题型会所。前者是绝大多数会所常采取的方式，内设功能分项较多，是一个相对大而全的会所；后者则侧重于突出主题风格（图3-4-2）。

> 图3-4-2　卓越会所百晟花园

② 按经营模式分为营利型会所和非营利型会所。市场上的会所多数为营利型会所，其按管理模式又细分为会员制和非会员制两种形式。非营利型会所实质上是一种免费会所，这种会所市场上极少。

③ 按区域服务方式又分为独立型会所和连锁型会所。独立型会所从服务区域上讲仅限于特定辖区范围，强调专场服务及单独使用；而连锁型会所则不然，其辖区范围内的所有会所皆可提供服务，且具有同等规模及体验感受。

4）电影院

电影院是为观众放映电影的场所。电影在产生初期，通常在咖啡厅、茶馆等场所放映。随着电影业的进步与发展，出现了专门为放映电影而建造的电影院。电影的发展——从无声到有声乃至立体声，从黑白片到彩色片、多维立体片，从普通银幕到宽银幕乃至穹幕、环幕等，使电影院的形体、尺寸、比例和声学技术都发生了很大变化。电影院设计必须满足电影放映、收看的要求，以取得良好的视听效果。现在的电影院已经成为人们平时休闲、约会的必选场所（图3-4-3）。

> 图3-4-3　基辅多重电影院

> 图3-4-4 上海安达仕酒店健身房

（2）健身娱乐空间

健身型的娱乐空间在为顾客提供休闲娱乐的同时，也为其强身健体提供了便利条件，主要有以下几种形式。

1）健身房

健身房是城市居民用来健身的场所，一般而言，具有较齐全的器械设备、较丰富的健身及娱乐项目、专业的教练和良好的环境氛围。专业健身房设有有氧健身区、抗阻力量训练区（无氧区）、组合器械训练区、趣味健身区、操课房、瑜伽房、体能测试室、男女更衣室及淋浴区、会员休息区等区域（图3-4-4）。

2）洗浴中心

洗浴中心是现代较流行的一种城市休闲场所，以提供沐浴服务为主，集商务、洗浴、餐饮、客房、娱乐、康养等休闲功能于一体，在硬件设施、装修档次和服务水平等方面日趋完善和多元化。

洗浴中心按市场营销定位的不同，主要划分为休闲浴场、娱乐浴场、商务会馆、休闲会所、SPA水会、沐浴主题酒店、精品水会等。

洗浴中心按浴体方式不同分为桑拿浴、温泉浴、特色浴、冷水浴等。

3）游泳馆

游泳馆是人们从事游泳运动的场地，人们可以在这里锻炼或进行比赛，一般分为室内、室外两种。多数游泳馆根据水温设有一般游泳池和温水游泳池。正式比赛用池的尺寸：长50m、宽至少21m、水深1.8m以上；供游泳、跳水和水球综合使用的池，水深1.3～3.5m；设10m跳台的池，水深应为5m。游泳池水温一般保持在24～28℃，室外游泳池水温不宜低于22℃。游泳池应采用循环净化给水系统，应具有过滤和消毒设备，以保持池水清洁。游泳馆常配有更衣室、淋浴室、卫生间等其他服务区域（图3-4-5）。

4）保龄球馆

保龄球馆是一个以进行保龄球活动为主，辅以其他娱乐设施的综合性体育娱乐中心。保龄球馆的设计标准应与国际比赛标准相统一，因此场地内必须具有开放的视野，不应在球道中设任何结构柱。常规的大跨度建筑多采用空间网架、钢桁架等结构形式。

5）台球厅

台球厅指的是专门打台球的房间。场地要求平坦、干净、无灰尘、明亮及通风条件良好。

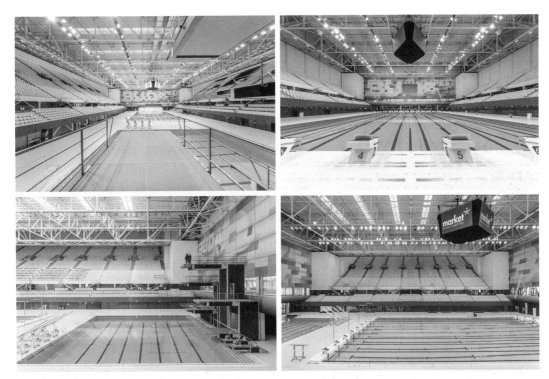

> 图3-4-5　Duna Arena游泳馆

台球厅的灯光照明格外讲究，尤其球台区域的照明应避免炫光（图3-4-6）。

3.4.1　设计内容

娱乐空间的设计首先要与工作环境区分开来，无论是休闲型的还是健身型的，都要把客人身心愉悦、放松舒适的体验放在第一

> 图3-4-6　BLACKBOX台球厅

位。一般来说，我们将娱乐空间大致分为休闲区、接待区、管理区及其他辅助区域。

（1）休闲区（或健身区）

不同种类的娱乐空间休闲区（或健身区）的设计内容是有所不同的，下面着重介绍几种类型。

1）演艺厅

娱乐性和商业性是演艺厅的特点。舞池是演艺厅休闲区的主要部分，是其区别于一般剧场、厅堂的最大特色。这部分区域是演艺厅的视觉中心，直接影响室内环境的视、听效果，因此在面积、风格、选用材料等方面一定要考虑充分（图3-4-7）。

2）KTV

KTV设计风格迥异，有喧嚣热闹、豪迈奔放的，有清新婉约、浪漫抒怀的，无论是哪种

风格，在功能分区上，最被关注的无疑是休闲区——KTV包间。一般KTV的包间有迷你包、小包、中包、大包，面积大的KTV会有豪华包间。包间的设计是整个KTV的重点，每一个包间虽会有自己的特色，但不宜偏离整体风格。沙发、台几、放映屏、控制台等是必备设置，选用的材质宜做好隔音、防火处理（图3-4-8）。

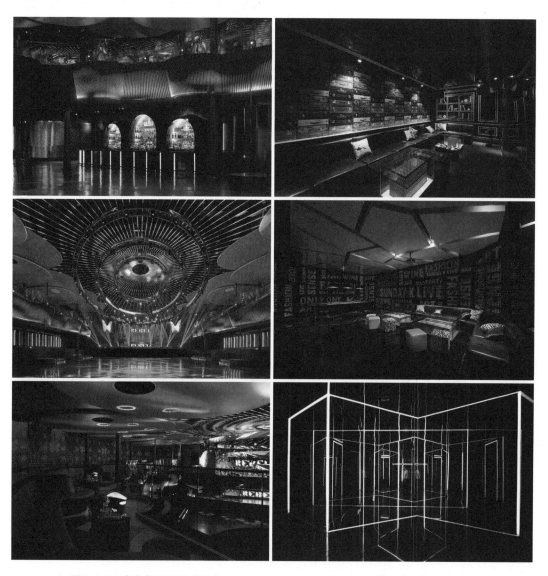

> 图3-4-7 多伦多REBEL夜总会   > 图3-4-8 佛山市东方广场新地KTV

3）电影院

电影院作为娱乐业态，肩负聚集人气、吸引人流的功能。为充分发挥其功能，电影院应布置在购物中心顶层、步行街端头，以便带动商铺人气。一般应根据电影院的大小规划观影区放映厅数目，尤其要注意顾客行走流线的畅通（图3-4-9）。

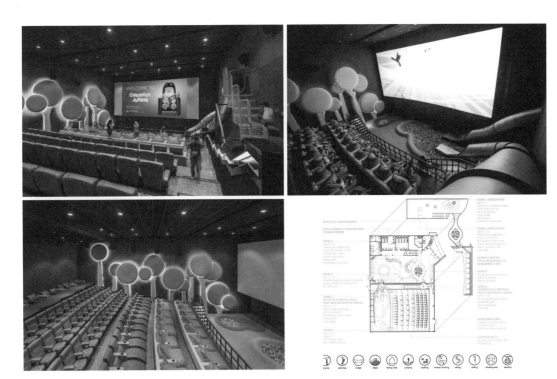

> 图3-4-9　广州金逸富力海珠城电影院

4）健身房

健身房是健身性娱乐空间的典型代表，除接待、休息、更衣、洗浴等区域外，大部分面积皆为健身区域（面积大小常依据健身房功能和客流量决定）。健身区的不同位置会摆放不同的运动器械，设计师要合理规划位置，并了解各种器械的尺寸大小和所需数量。一般情况下，健身房常设有心肺训练区、重量器械区、拉伸区、搏击区、瑜伽房、游泳池及健康测试区等（大型健身房还配有美容、SPA等休闲区域）。健身房的设计主要根据健身房空间的大小，进行合理的区域划分及功能布局，并关注通风、温度以及场地器械的维护保养、安全卫生等（图3-4-10）。

> 图3-4-10　上海希尔顿酒店健身房

（2）接待区

无论何种类型的娱乐空间，在入口处或者大厅都会设置接待区，主要具有引导顾客、结算账目、解答疑惑等功能。其位置一定要醒目，让顾客第一时间就能够找到。不同类型的娱乐空间风格差别很大，因此接待区的设计风格要符合空间整体环境，切勿特立独行。

（3）管理区

管理区主要是娱乐空间工作人员的工作区域，一般不接待顾客，因此对于管理区的设计要相对隐蔽，常位于入口附近，方便对整个空间进行管理，随时了解顾客需求。设计风格要符合娱乐空间的整体格调，但不要过度夸张。

（4）其他辅助区域

1）入口

入口是顾客首次感触一个空间的重要部分，不同类型的空间对入口的设计要求会有所不同。比如，演艺厅的入口通常会营造一种神秘感，运用以小见大的手法，给人一种别有洞天的感受；KTV、会所等空间的入口常较为开阔，一般会伴有视听效果，营造欢快热闹的氛围。无论何种类型的娱乐空间，其入口风格都会受该空间设计属性的影响（图3-4-11）。

2）更衣区

更衣区分为两部分：淋浴更衣区和员工休息区。淋浴更衣区分为理容间、更衣间、卫生间、淋浴间、干蒸房和湿蒸房等。员工休息区常会根据空间面积和工作人员的数量设立带淋浴房的员工休息区或者仅供就餐的员工休息区（图3-4-12、图3-4-13）。

> 图3-4-11　Baixa Bar入口

> 图3-4-12　上海金仕堡健身房更衣区　　　　> 图3-4-13　上海JUZPLAY健身房更衣区

3）卫生间

卫生间有公用卫生间和包间内私有卫生间两种。公用卫生间的设计大小和数量常受娱乐空间的整体面积和客流量影响（图3-4-14、图3-4-15）。包间内私有卫生间并不要求所有娱乐空间都必须具备，例如电影院、台球厅等就不需要设计这部分区域。

> 图3-4-14　星澜里公共区域卫生间　　　　　> 图3-4-15　天津K11 Select卫生间

3.4.2　设计要求

无论哪种风格类型的娱乐空间，其设计都是为了满足消费者的需求，都要把满足"人"的需要作为设计理念的灵魂，应充分考虑人在其间的感受。除了强调不同空间氛围所营造的艺术效果外，娱乐空间设计还应考虑到基础设施的特点，针对不同功能、性质的娱乐空间的设计要求进行分析、设计。

（1）演艺厅

演艺厅主要设施有舞池、演奏台、声光控制室、休息区、储藏间、衣帽间、酒水区等（图3-4-16）。

舞池与休息区一般采用高差变化进行分隔，舞池常略低于休息区，休息区一般围绕舞池而设，演奏区常高于休息区和舞池。休息区的空间尺度宜小不宜大，要让顾客有亲和感，可用象征性分隔手法处理空间（如利用低矮的绿化分隔空间）（图3-4-17）。

舞池的地面材料一般用花岗岩、水磨石、木地板和激光玻璃等。休息区地面一般铺设地毯或采用木地板。

声光控制室是演艺厅声音、视频和照明的控制中心，面积不应小于20m²，位置应在舞台正前方，保证操作人员能通过观察窗直接看到和听到演奏区和舞池的表演情况。

舞厅灯具的配置应考虑灯具的性能和用途。演艺厅还要为扬声器留出合适的位置，便于调试，以利于音响效果的发挥。

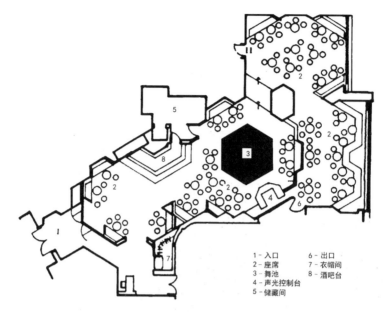

1 - 入口	6 - 出口
2 - 座席	7 - 衣帽间
3 - 舞池	8 - 酒吧台
4 - 声光控制台	
5 - 储藏间	

> 图3-4-16　中型舞厅平面布置

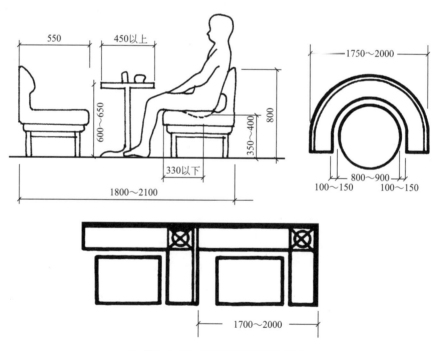

> 图3-4-17　歌舞厅休息区基本尺寸

（2）KTV

KTV作为娱乐空间的一种类型，其设计重点主要在包房。KTV包房的设计应讲究声学处理，可以采用240mm砖墙或双层100mm加气混凝土块隔墙进行隔音处理；或采用织物软包等达到吸声、隔音的效果；组合扬声器宜放置在结构地面或安置在坚固的支架上，低音扬声器应放置在地面上，悬挂扬声器的支架和支点应牢固，不能产生振动，否则会使音质受到损害；尽量不要采用正方形或长宽比例为2∶1的房间形式，因为这类房间易产生声衍射；包房的屏幕及织物都应进行防火阻燃处理，通道和安全出口等设计都应严格遵守消防要求。

（3）电影院

一个成功的电影院设计应在舒适安全的前提下尽量容纳更多的观众，以获得最高的商业利润。为保证良好的视听效果，具体设计应满足以下要求。

① 要让观众获得良好的视觉效果，应注意观众席的分布形式以及观众席与银幕的关系（图3-4-18）。

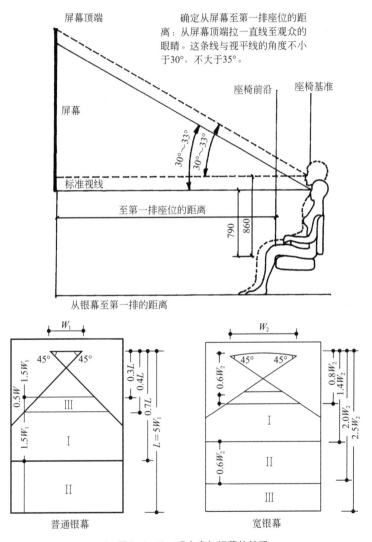

> 图3-4-18　观众席与银幕的关系

② 要创造良好的听觉效果，应利用声学原理：影院后墙应做吸声处理和声扩散处理；顶棚应做声音反射处理，反射面应使声音的传播逐渐增强；两侧的墙面应处理为声音扩散面，为降低噪声，在一部分地方应作吸声处理；最好设置可吸声的座位。

③ 流畅的交通是安全的保障。座位行间距最小距离应为0.86m（图3-4-19）；两侧通道上应设有出入口，一般来说，出入口的间距不能超过五排座椅间的距离，出入口的宽度应有1.6m；根据防火规范，在影院内走动的距离应不超过45m，通道不宜用踏步式，尽量使用无障碍设计；出入口标志灯应常明且设计醒目。

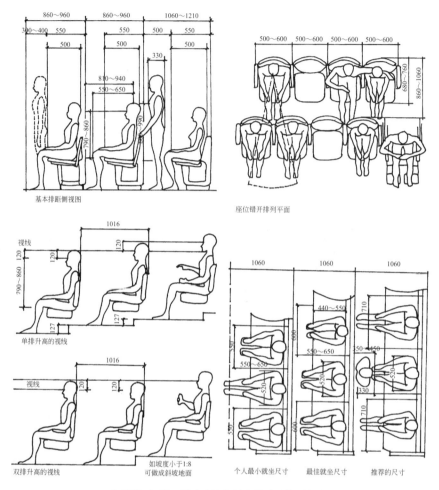

> 图3-4-19　观众席座位基本尺寸及排列方式

④ 照明应适应不同功能需求。一般来说，电影院有三种不同照明要求：供电影放映时太平门标识灯及气氛照明、放映中应对突发事件的应急照明和有足够照度的用于清场或其他情况的照明。观众厅的照明不得影响放映及观放效果，可用小型卤钨灯、聚光灯和反射型投光灯等。光源的投射角度要适当，避免投射到室内墙面、家具产生眩光。光源点应在观众的视野外，以避免放映时影响视觉效果。紧急照明的电源应接事故发电机。

娱乐空间设计总体来说主要体现在以下几点。

1）娱乐形式决定空间形态和装饰手法

① 不同的娱乐形式有不同的功能要求。在娱乐空间中，装饰手法和空间形式的运用取决于娱乐形式，总体布局和流线分布也应围绕娱乐活动的顺序展开。

② 气氛的表达往往是娱乐空间的设计要点，娱乐空间的照明系统应提供好的照明条件，并充分发挥灯光的艺术效果，以渲染气氛。

③ 在有视听要求的娱乐空间内（如电影院和演艺厅）应注意声学处理，而且应注意将声学和美学有机结合。

2）确保娱乐活动安全进行

① 娱乐空间中的交通组织应利于安全疏导，通道、安全门设计等都应符合相应的防灾、防火规范。

② 所有电器、电源、电线等设备都应采取相应的防护措施以保障人员安全。

③ 织物与易燃材料应进行防火阻燃处理，确保符合《纺织品燃烧性能试验垂直法》（GB 5455—1997）的防火要求，其耗氧指数应大于国家标准。

3）娱乐空间应尽量减少对周边环境的不良影响

① 有视听要求的娱乐空间（如演艺厅、KTV等）应进行隔音处理，以符合相应的隔声设计规范，防止对周边环境造成影响。我国颁布的《歌舞厅扩声系统的声学特性指标与测量方法》（WH 0301—93）、《声环境质量标准》（GB 3096—2008）和《民用建筑隔声设计规范》（GB 50118—2010）也规定了演艺厅、KTV等的噪声允许范围。

② 演艺厅等还应防止产生光污染，照明方案应符合相应的设计法规。我国颁布的《歌舞厅照明及光污染限定标准》（WH 0201—94），作为演艺厅、KTV等设计管理的强制性法规，对此类空间环境作了规定，并据此对其进行测定验收。

4）用独特的风格给消费者留下深刻的印象

娱乐空间的装饰处理需要有独树一帜的风格。往往风格独特的娱乐空间能最大程度地满足消费者猎奇需求，能够充分引起顾客关注并激发其参与其中的欲望。此时，除满足功能属性之外，独特新颖的设计风格恰好是娱乐空间的最大卖点。

3.5　医疗康养空间

当今，高品质的健康生活已经成为人们的普遍追求。随着我国人口老龄化的加剧、人们健康意识的增强以及国家政策的支持，大健康产业迎来了黄金期，主要涵盖医疗、养生、养老、旅游、文化、体育等诸多业态。我国首本康养蓝皮书《中国康养产业发展报告（2017）》中指出："康养离不开'医'，医疗是康养的基础，医养结合是康养的基本要求。"美国的经济学家保罗·皮尔泽曾预言其将成为继IT产业之后的世界"财富第五波"。

医养结合模式意在实现社会资源利用的最大化，达到"医"和"养"更深层次的结合。医疗康养有别于以治疗为主的普通医疗服务，主要指整合基本医疗的医学护理、康复训练、术后休养、保健预防和精神慰藉等综合服务（图3-5-1）。服务人群主要包括术后病人、慢性病人、高龄老年人等。

> 图3-5-1 上海静和岛医疗与生活美学空间

从消费群体个人健康看，一般医疗康养针对人群可分为健康人群、亚健康人群和疾病患者三类。

1）健康人群

此类人群的康养需求常集中在对身心的保健上，通过运动锻炼、健康膳食、旅游休闲、户外拓展等方面的医疗康养，保持自我身心健康。基于健康人群的康养产业主要集中在体育、休闲、旅游、文教等方面。

2）亚健康人群

21世纪以来，亚健康问题日益凸显，成为全人类需要共同应对的健康问题之一。亚健康人群将是医疗康养产业最关注的人群之一。他们通常需要临床的生理治疗，也需要心理及社会的综合治疗。此类康养产业主要集中在健康检测、疾病预防、心理咨询、中医养生等方面。

3）疾病患者

我国近20年来，居民的患病率持续上升，尤其是慢性病，基数大。这类人群是目前医疗康养最成熟的消费者，涉及的行业主要有三类：一是诊疗、医护等医疗服务业；二是医疗器械、电子设备等制造业；三是生物、化学制药等药物制造加工业。

3.5.1 设计内容

医疗康养机构的主要功能空间大概分为四类，分别是基本诊疗空间、康复理疗空间、护理照料空间和其他辅助空间。

（1）基本诊疗空间

基本医疗空间的设计，对于整个医养结合模式下的机构来说，是格外重要的一环，是区别于其他康养机构的核心部分。包括用于日常诊疗的卫生保健空间、治疗化验的辅助治疗空间、身心关怀的临终关怀空间。

（2）康复理疗空间

康复理疗空间主要用于在专业康复师指导下，进行康复理疗训练，通常有肢体恢复、身体推拿、心理抚慰等专业理疗项目。可分为室外空间和室内空间两个部分，室内空间主要通过医学设备提供物理康复治疗，室外空间则通过园艺种植、运动花园等多种布局形式干预，以达到心理治疗的目的（图3-5-2）。

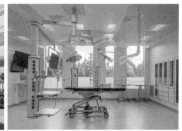

> 图3-5-2 康复理疗空间

（3）护理照料空间

护理照料空间与患者日常生活联系最为密切，应考虑患者的日常照料护理需求，且患者住房需符合医疗建筑标准。另外，还要考虑护理人员身心需求，配备护理站、治疗室、处置室和休息室等医辅用房。只有充分考虑两者的需求，才能更好地提高护理效率（图3-5-3）。

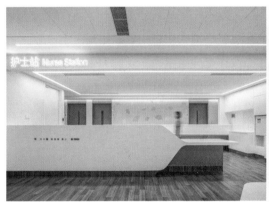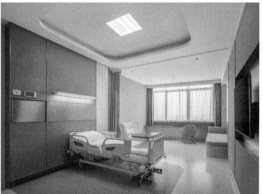

> 图3-5-3 护理照料空间

（4）其他辅助空间

1）卫生间

医疗康养机构的目标人群多为老年人、病人等弱势群体，卫生间的设计讲究使用时的便捷与易达，也与人们的安全有着密不可分的关系。卫生间可分为公用卫生间和居室私有卫生间两种。公用卫生间的功能为便溺和盥洗，居室私有卫生间还需具备梳妆、沐浴等生活起居以及消毒清洗的功能（图3-5-4）。

2）走廊

走廊是人们日常行走的主要通行空间。良好的走廊空间设计会给老年人、病人带来使用中的舒适和便捷，以及行为活动等方面的积极感受。在设计中需做好防滑、防摔等设计，比如，增大廊道宽度，走廊两侧设置扶手、休息区等（图3-5-5）。

> 图3-5-4　卫生间

> 图3-5-5　走廊

3.5.2　设计要求

（1）空间组合

康养空间在总体布局上比综合医院整体功能配置更精简，侧重人群主要是疾病患者、老年人，趋向于"一站式"就诊。清晰明了的就诊路线与空间组合模式，有利于就诊活动整体有序展开。诊疗空间模式一般分为厅式放射型和街巷式线型。

厅式放射型是以服务大厅为中心，四周呈放射状分布各个功能空间，适用于中小型规模的医疗康养机构。优点在于服务大厅与每个空间相互连接，交通便捷，各功能区之间互不干扰，且便于通达。大厅拥有多种功能特性，例如枢纽区挂号，候诊区就诊及引导等交通指引（图3-5-6）。

街巷式线型将服务大厅与各功能区之间用"街"联系起来，并且可适当扩宽作为二次候诊廊使用。优点在于就诊线路明确，之间互不干扰，各区域运行有序。设计中需注意区分大"街"与小"巷"的尺度，街必宽（大于6m），巷必窄（约4m）；街必长（大于50m），巷必短（约30m），尽量避免出现类似的"十"字路口，以免让人迷失方向（图3-5-7）。街巷式线型最为常见的模式是街厅模式以及双街模式。

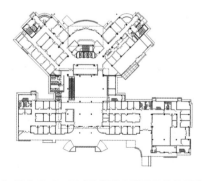

> 图3-5-6　厅式放射型 四川省妇幼保健院

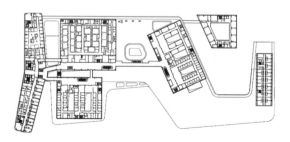

> 图3-5-7　街巷式线型 吴江经济技术开发区人民医院

① 街厅模式

街厅模式是传统医院最常见的单街组织模式，通常采用门诊大厅在街的中间一侧或门诊大厅位于街的端头这两种布局方式。街厅模式随着医疗康养机构的发展，逐渐形成了多厅与街的组合，以满足各区域的功能流线要求（图3-5-8）。

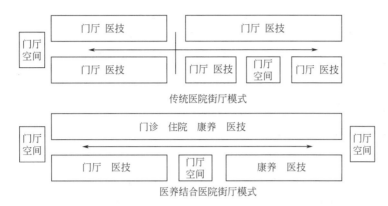

> 图3-5-8　传统医院街厅模式演变成医养结合医院街厅模式

② 双街模式

双街模式是由单条医疗街的模式发展而成的。随着康养功能的置入，各类人群的流线变得复杂，功能划分逐渐详细，从而导致一条医疗街无法完成组织功能。通常，双街模式分平行双街模式和垂直双街模式（图3-5-9）。

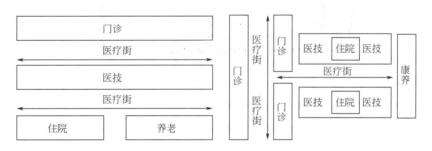

> 图3-5-9　双街模式：平行双街模式（左），垂直双街模式（右）

（2）不同医疗空间设计规范

医疗康养机构的空间设计规范根据不同空间类型有不同的标准。空间类型主要包括诊疗室、病房、急诊用房、临终关怀空间、护理站及医辅用房等。

① 诊疗室

诊疗室空间形式多为单间室、合间室和少量套间室。一般情况下，单个诊位的诊室开间净尺寸≥2.6m，进深净尺寸≥3m，面积≥8m²；两个诊位的诊室，开间净尺寸≥3m，进深净尺寸≥3.9m，面积≥12m²（图3-5-10）。

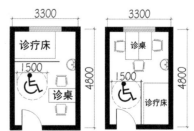

> 图3-5-10　单诊位、双诊位空间尺寸

② 病房

病房居住空间及卫生间设计需考虑不同护理等级的无障碍设计要求，尤其是要满足轮椅空间的旋转半径（$r \geq 1.5m$），通行宽度（$w \geq 0.8m$）。卫生间作为使用频率较高的空间，应尤为重视其设计规范（表3-5-1）。

表3-5-1　卫生间设置要求

护理等级	设施	门净宽（mm）	马桶	淋浴、浴位、盆浴
介助期	抓杆、杖类及助行器	650 ~ 700	设置抓杆	设置抓杆、坐凳或坐台
	轮椅	750 ~ 800		
介护期	抓杆、杖类及助行器	750 ~ 800		
	轮椅	750 ~ 800		

③ 急诊用房

应用于患者突发情况，便于进行急救，应配备紫外线灯、无菌柜、吸痰器、氧气瓶、抢救床等医疗设施。空间设计上，尽可能给医护人员留出足够的空间，以确保抢救活动顺利进行。门净宽 $\geq 1.1m$，开间尺寸 $\geq 5.1m$，进深尺寸 $4.5 ~ 4.8m$，面积 $\geq 20m^2$（图3-5-11）。

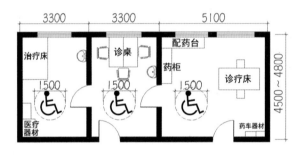

> 图3-5-11　急诊用房尺寸

④ 临终关怀空间

在患者生命的最后一段时光里，能够为其提供心理慰藉、减轻其痛苦的人性化服务空间。可采用独立单间，设置亲属陪同空间，营造温馨氛围，体现对生命的尊重与关怀。

⑤ 护理站及医辅用房

护理站是医养结合型机构中医护人员的值班空间。护理站为方便患者，特别是老年人，常设置在核心区域，以便医护人员掌控全局，当面对紧急情况时，能做出及时处理。护理台要易于行动不便人群使用，通常自行活动的患者使用台面高度设置在900 ~ 1000mm，借助辅助器具的患者使用台面高度宜700 ~ 800mm（图3-5-12）。

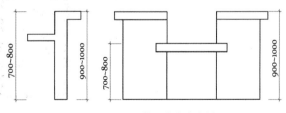

> 图3-5-12　护理台高度实例

3.6　文化展览空间

文化展览主要指以文化为主题的展示空间，常包括美术馆、博物馆、展览馆等。除此之外，也包括博览会、企业展厅、临时展示空间等具有一定文化传播功能的展示空间。文化展览空间能够提供展示、体验、讲座等服务形式，具有开放性、流动性的特点。它们利用自身的文化资源，通过多种形式的陈列展示，满足大众物质与精神文化传播交流的基本需求（图3-6-1）。

> 图3-6-1　太空科技文化中心（斯洛文尼亚）

文化展览空间按功能划分一般有博物馆、规划展示馆、科学技术展馆等。

（1）博物馆

属文博展陈设计范畴，主要包括历史、科技、文化、艺术等各类综合性、专题性、行业性的博物馆、陈列馆的设计和大型博览会馆设计。常以公益性观览、交流等为目的，有对人类社会发展不同时期的物证进行收集、保护、研究和展示的功用（图3-6-2）。

> 图3-6-2　中国国际设计博物馆（杭州）

（2）规划展示馆

规划展示馆是与城市规划、发展等内容相关的集中展示场地，常全方位、多角度地向群众展示城市建设过程中的沧桑巨变以及城市发展趋向等，是本土文化与城市发展等重要的展示平台，也是民众城市公共生活不可或缺的场所（图3-6-3）。

> 图3-6-3　阜阳规划展示馆

（3）科学技术展馆

科学技术展馆多数是公益性展示空间，主要通过长期或短期的科技类内容展览，达到科普启迪、教育交流等目的。这类空间展示多借助数字媒体技术为公众提供全方位的体验感受，如展示火箭发射场景、星系运转轨迹等。因此，科学技术展馆空间设计常具有较高的科技设计要求（图3-6-4）。

> 图3-6-4　上海天文馆

（4）企业展厅

企业展厅属于商业空间范畴，多具有营利目的。展览内容常涉及不同主题的展品推广，传播展示最新技术、成果等资讯，具有鲜明的品牌推广特征（图3-6-5）。

> 图3-6-5　中山市绿豹灯饰品牌旗舰店

3.6.1 设计内容

现代文化展览空间具有多元化、开放性、多层次等属性，这与展示空间功能的多样化需求密切相关。展览空间常具有以下主要功能分区。

（1）门厅

展示空间具有公共属性，门厅设置必不可少。门厅一般位于入口处，是室外空间与展示空间的过渡区域，也是疏导观众集散的重要区域。门厅一般具有咨询、存储、销售等服务功能。

（2）进厅

进厅本质上属于过渡空间，是观众进入展览陈列区域的前厅，可设计展厅概述，为参观者快速清晰地了解展品提供服务。进厅空间要宽敞，利于观众进出，一般分为走廊式、过厅式、前厅式、中厅式等形式（图3-6-6）。

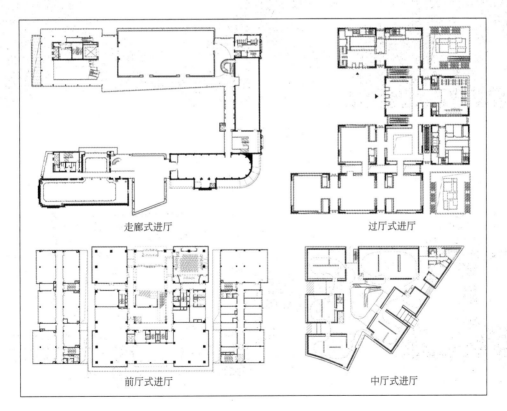

走廊式进厅　　　　　　　　　　　过厅式进厅

前厅式进厅　　　　　　　　　　　中厅式进厅

> 图3-6-6　进厅不同形态示意图

① 走廊式形状狭长，方向性强。展示陈列区一般位于走廊式进厅的一侧或两侧。

② 过厅式空间紧凑，常布置垂直交通设施、厕所、休息区等。

③ 前厅式与数个陈列展示区联系，空间较为宽敞。它可以和门厅合二为一，有门厅和进

厅的双重功能，也可兼做陈列式的序厅。

④ 中厅式将各个不同位置的陈列展示区围绕中庭分散布置，形成水平和垂直两个方向布局。

（3）陈列展览区

陈列区是文化展示空间的主体部分，按展示形态划分，可分为静态陈列型、科技演示型、多媒体互动型。

① 静态陈列型是展示空间中最为常见的方式，陈列物品较为固定，多为出土文物、器物、工具等，这类展品本身具有较强的观赏性，配有说明性文字，能较好地达到展示效果。在展示设计方面应保证陈列和参观内容及流线的系统性、顺序性和可选择性（图3-6-7）。

> 图3-6-7　英国London Mithraeum博物馆

② 科技演示型主要应用于科技性较强的展览空间，具有强烈的视觉冲击力、良好的虚拟效果，能够更加贴切真实地营造科技展示氛围（图3-6-8）。

> 图3-6-8　维也纳科技博物馆

③ 多媒体互动型突破传统的展示模式，利用声像、动态、影像等方式，将所要表达内容呈现给观者，3D模型、虚拟现实技术等为展览增加了互动性、趣味性，强化了沉浸式展示效果（图3-6-9）。

> 图3-6-9 2020迪拜世博会俄罗斯馆

（4）尾厅

一般是结束厅。观众参观高密度的展示后，需要一个舒缓平台。因此，尾厅设计内容应尽量减少，宜用简洁轻松的方式设计寄语、未来展望等内容，在形式上常采用人机互动、签名留念等方式。

3.6.2 设计要求

（1）展厅空间的确定

不同的参观者对于空间的感受不同，展示空间应依据设计主题，营造不同空间氛围满足参观人群的需求。在此主要对被广泛采用的矩形展厅进行设计解读。

1）展厅的分隔

常通过点、线、面、体、块等多种分隔形式加以组合，将展厅分为封闭、开放、半封闭等类型。分隔的方式主要有：①利用展板、展墙，将空间分为若干单元；② 利用展柜、展箱、悬挂展板等进行局部分割，构成半开放分割；③通过不同光照、色彩等划分区域；④利用地面的高差及材质铺装划分区域。

2）展厅的跨度

展厅的跨度通常由展品陈列、采光方式决定。观赏较高大展品时，视距宜稍远。当展品高度为h时，视距d为$2h$，给人以展厅跨度大、舒适之感。若展厅为低侧窗，跨度为窗高的1.8 ~ 2.4倍时，厅内照明无明显差别，若再增加展厅的跨度，厅内照度分布将不均匀，影响展出效果。研究发现，展厅的跨度在9 ~ 18m之间，较满足展出要求。

历史类、艺术类、综合类博物馆单跨展厅，其跨度不宜小于艺术品高度或宽度最大尺寸的1.5 ~ 2倍。科技馆展厅应能适应常规展览的需求，根据展厅的体量确定展厅柱网，柱网宜为方形或矩形，跨度应大于等于9m。

3）展厅的长度

展厅的长度控制在厅宽的1.5～2.0倍时展出效果较好。从采光看，厅的长宽比由1到2时，竖向墙面的展示区照度系数可提高25%。长方形展厅在采光上是比较有利的，但不宜太过狭长，如隔断、屏板布置不得当，会给人狭长、乏味之感。

4）展厅的净高

展厅净高度应满足布展展品、展架悬挂宣传画画幅的高度要求。从空间比例上，展厅净高不应低于跨度的三分之一，要求最低大于或等于4m。展厅净高的确定必须考虑窗高和空间比例等因素。采用高侧窗时，为避免参观者产生眩光，窗下缘不宜低于地面以上2.2m；采用一般侧窗时，窗下缘不宜低于地面以上0.9m。按展览面积可将展厅的等级分为甲等、乙等、丙等，净高随之变化，详见表3-6-1。

表3-6-1　按展览面积划分的展厅净高

展厅面积	展厅等级	展厅净高
大于10000m²	甲等	不宜小于12m
5000m²～10000m²	乙等	不宜小于8m
小于5000m²	丙等	不宜小于6m

注：引自《展览建筑设计规范》（JGJ 218—2010）。

5）展厅的面积

博物馆：按展览的内容划分，陈列展示区面积如表3-6-2所示。

表3-6-2　陈列展示区建筑面积占总建筑面积的比例

博物馆类别	陈列展示区建筑面积占总建筑面积的比例(%)		
	大型	中型	小型
历史类、艺术类（以古代藏品为主）	30～40	40～55	50～75
艺术类（以现代艺术藏品为主）	35～45	45～55	50～75
自然类博物馆	30～40	40～55	50～75
综合类	30～40	40～55	50～70

注：引自《博物馆建筑设计规范》（JGJ 66—2015）。

科技馆：短期展厅因展期短暂、经常更换，为避免布展、撤展时的垂直运输，不宜设置在二层以上楼层。其面积规范见表3-6-3。

表3-6-3　科技馆展厅面积参考表

类别	面积(m²)
大型科技馆	常设展厅：9500～10000；短期展厅：1400～1500
中型科技馆	常设展厅：5600～6000；短期展厅：860～950
小型科技馆	常设展厅：3300～3500；短期展厅：700～900

注：引自《科学技术馆建设标准》（建标101—2007）。

会展展馆：规格为3.0m×3.0m×2.5m标准展位是展厅布置的基本方式，根据布展需要可将若干标准展位合并使用。展位具有灵活可变性，不宜局限于某种固定的模式。具体规范见《展览建筑设计规范》（JGJ 218—2010）。

（2）陈列区布局

陈列区一般包括不同的陈列室、设备储藏室、接待室、管理办公室等。陈列区的平面布局应满足以下要求。

1）满足展示陈列的要求

根据展厅规模以及展品特点等确定合理的展厅朝向、空间尺度等。展览空间应具有灵活性，以适应不同物品的展示陈列需求。

2）满足参观要求

根据展览主题、展示内容等的特点，巧妙、合理地组织观览流线。路线应明确，避免重复、交叉、迂回。

3）满足管理需要

工作人员流线与参观流线不宜交叉干扰，便于组织观者参观、净场和保卫工作的开展。

（3）展品陈列

1）通道宽度

展示空间的通道宽度一般是按照人流股数计算的，每股人流以60cm计算，最狭窄的通道要保证能够容纳两股人流通过。环绕式的展台通道尺寸至少在2m左右，低于这个标准会造成人流堵塞（图3-6-10）。

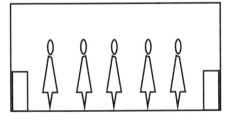
人流股数为5，通道为7.8m

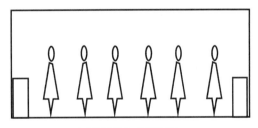
人流股数为6，通道为8.4m

> 图3-6-10　空间中通道尺寸

展示空间的通道设计不可一概而论，不同类型、规模的展示空间，其通道的标准常各有不同。大型展览空间的主通道要保持可以让6个人并肩通行，截面宽度不能小于4m。主通道有较为宽阔的空间，各展区多数把朝向主通道的方向作为主要展示面，以方便观众参观。次通道起到间隔展区和消防的作用，需保证3个人可以并肩通行，宽度不能小于2m（表3-6-4、表3-6-5）。

表3-6-4　商业展示空间通道一般宽度

种类	程度	宽度标准（mm）
主通道	最小	800
	一般	800 ~ 2100
次通道	最小	600
	一般	750 ~ 1600

表3-6-5　大型展览馆通道一般宽度

种类	程度	宽度标准（mm）
主通道	最小	1800 ~ 3000
	一般	4800 ~ 6000
次通道	最小	2000 ~ 3000
	一般	2400 ~ 3600

2）陈列密度

在展示空间中，展品与道具占场地面积与墙面的40% ~ 50%为最佳。密度过大会造成人员拥堵，空间上给人以杂乱、紧张的心理感受，容易让人疲劳、厌倦；密度过小，又会空间显得空旷、空洞、乏味，降低了空间的利用率。

3）陈列高度

展品陈列的高度及展板、展柜的高度均应以人体标准尺寸为基点进行设计。展品应在人眼的合理视野范围之内，地面以上，80 ~ 250cm为最佳陈列视域范围。按照我国人体平均身高168cm计算，人眼高度在152cm，以此为依据，视线尺度上下浮动在112 ~ 172cm为黄金区域，可作为重点陈列区。80cm以下作为储存或较大件展示区，250cm以上作为平面展示区（图3-6-11、图3-6-12）。

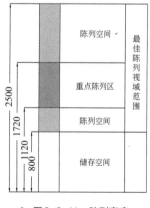

> 图3-6-11　陈列高度

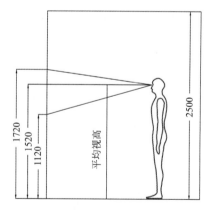

> 图3-6-12　视野高度范围

（4）展示环境的照明

陈列的物品多为极其珍贵的文物、有收藏价值的物件，因此，展示空间内的温度、湿度、照明等需按照规范严格执行，既要满足展品需要，又要考虑观者的感受。

1）自然光

文化展示空间的采光提倡以自然光为主，生态、环保、节能。当自然光不足时，辅以人工照明，通过适当的调节、控制也可再现自然光的特性。采用自然光时，应注意以下要求（表3-6-6）。

表3-6-6 展示空间的采光标准值

展厅分类	场所名称	侧面采光		顶部采光	
		采光系数标准值（%）	室内天然光照度标准值（lx）	采光系数标准值（%）	室内天然光照度标准值（lx）
博物馆	陈列室、展厅、门厅	2.0	300	1.0	150
会展展馆	展厅（单层及顶层）	3.0	450	2.0	300

① 日照充足时，根据展品的大小、材质，确定不同的照度水平，采光系数宜为1.5% ～ 2%。

② 避免阳光直射，以免损害展品。根据阳光投射的方向，考虑展品的陈列布置。

③ 防止眩光，包括直射眩光和二次反射眩光。

④ 采光窗尽量较少占用展出墙面。展区的采光水平必须高于观众所在区域的采光水平。

2）人工照明

人造光照环境中，最好不含紫外线，以确保展品不受紫外线伤害。常根据不同类型、不同质感的展品以及观者的视觉需求等因素，通过调整照度值来达到光照环境的优化设计。《建筑照明设计标准》（GB 50034—2013）中为展示陈列照明提供了参考标准（表3-6-7 ～ 表3-6-10）。

表3-6-7 美术馆展示照明标准值

场所	参考平面	照度标准值（lx）	统一眩光值（UGR）	照度均匀度（Uo）	一般显色指数（Ra）
绘画展厅	地面	100	19	0.60	80
雕塑展厅	地面	150	19	0.60	80

注：绘画、雕塑展厅的照度标准值中不含展品陈列照明。

表3-6-8 科技馆展示照明标准值

场所	参考平面	照度标准值（lx）	统一眩光值（UGR）	照度均匀度（Uo）	一般显色指数（Ra）
常设展厅	地面	200	22	0.60	80
临时展厅	地面	200	22	0.60	80

注：常设展厅和临时展厅的照度标准值中不含展品陈列照明。

表3-6-9　会展空间照明标准值

场所	参考平面	照度标准值（lx）	统一眩光值（UGR）	照度均匀度（Uo）	一般显色指数（Ra）
一般展厅	地面	200	22	0.60	80
高档展厅	地面	300	22	0.60	80

表3-6-10　博物馆陈列照度标准值

类别	参考平面	照度标准值（lx）
对光特别敏感的展品：纺织品、织绣品、绘画、纸质物品、彩绘、染色皮革、动物标本等	展品面	50
对光敏感的展品：油画、蛋清画、不染色皮革、角制品、骨制品、象牙制品、竹木制品和漆器等	展品面	150
对光不敏感的展品：金属制品、石制器物、陶瓷器，宝玉石器、矿岩标本、玻璃制品、搪瓷制品，珐琅器等	展品面	300

（5）展示环境的色彩

　　展厅的色彩是通过光反映出来的，色彩应用是否得当，将影响室内照度，应用不当将导致眩光的发生。展厅的墙面与屏板作为展品的背景，为了突出展品应使其亮度大于背景亮度。若展品的亮度明显低于展区背景，则墙面、屏板将成为反光的光源，引起参观者的不适。一般展品画面的反射系均超过0.35，墙面、屏板背景反射系数应低于这个数值，但也不宜过低。

　　另外，同一色彩的使用位置不同，反射系数也略有不同。如浅灰色用于墙面背景反射系数为0.45，用于地面反射系数为0.2，而用于顶棚反射系数为0.65。因此，在设计上不应只按照饰面材料与色彩来选用反射系数值，还应考虑使用位置的不同，选用合适的装饰色彩。墙面一般用中性色或无光泽的饰面，其反射系数不宜大于0.6；地面采用无光泽的饰面，其反射系数不宜大于0.3；顶棚采用无光泽的饰面，其反射系数不宜大于0.8。

课题思考

　　1.不同业态的销售空间，在布局方式与交通流线上有何区别？

　　2.人性化设计在商业空间中主要体现在哪些方面？

　　3.不同商业空间该如何运用"故事情景"进行氛围营造？

4

商业空间的设计要素

　　优秀的商业空间设计都源于对各空间设计要素的整体协调把握和综合运用，在进行具体设计时，通常围绕一个设计主题概念展开，从不同的角度对设计概念进行阐释、解读和表现，综合运用空间、材料、色彩、灯光和声效等设计语汇，调动视觉、听觉、嗅觉等人类感知觉，以表现商品的品质，创造宜人的购物环境，从而达到营销目的。然而，对于商业空间设计来说，商业卖场设计极具代表性，本章将重点从商业卖场的角度来阐述商业空间设计要素。

4.1　整体策划创意

　　随着社会文化的发展，商业空间自身也正在不断地完善其功能，更加注重品牌文化与产品营销的联系、空间体验与市场营销的结合、整体场所空间的营造等，这些都导致商业空间设计朝着整体化方向发展。在商业卖场设计的过程中，我们要树立整体设计的观念，将各设计因素围绕整体策划理念进行综合考虑，以明确表达出店家的经营理念和企业的整体形象。

　　商业卖场的整体策划创意设计首先应依据商品的营销策划，形成整体空间意向，着重强调不同空间中人们行为的差异性、体验的丰富性，以及每种品牌独特的形象，然后进行各局部空间的深入设计，再逐步深化到细部设计（图4-1-1）。

4.1.1　品牌文化意识的延伸

　　20世纪初，品牌文化的概念就已出现。"二战"后，欧美发达国家在商界普遍导入CI设计，加强品牌效应，有效地提高了企业形象和产品形象。当代商业卖场设计中，品牌文化是影响企业形象的重要因素，其直接影响店面的外观形象及店内布局。其中视觉识别（Visual Identity）运用具体化、视觉化的表达形式对企业进行识别设计，是最直观、最容易被公众接受的部分，也是最富有创意的部分。

　　在当前高新技术革命和市场经济迅速发展的形势下，企业的文化形象越来越广泛地渗透到商业空间的形象设计之中。成熟的品牌给人的第一印象往往是具有高度的整体感，无论在品牌的字体、颜色、产品风格上，还是在品牌形象推广上，都保持了相对的统一性。一些品牌专卖店常在店面设计、陈列装置等方面反复利用品牌标志装饰图案，不仅延伸了品牌文化，而且也强化了品牌形象。如周生生品牌店面招牌设计运用立体几何图形演绎带有吉祥寓意的"鱼"，将121组垂直"桁架"与线性构件相结合，组成了因观赏角度不同而变化的"鱼"形几何图案。不同构件组合、连接节点与光影变化相互呼应，营造出璀璨效果，表现出周生生品牌对其产品精工细作的追求（图4-1-2）。

> 图4-1-1　注重室内外整体策划创意的Perdis化妆品旗舰店

> 图4-1-2　周生生品牌将产品的璀璨效果应用到店面设计，突出品牌特质

4.1.2　公共体验的互动交往

　　公共体验的互动交往过程是人最基本的需求之一，人正是在交往的过程中表达自身的存在。这也是为什么哈贝马斯会将解救"生活世界殖民化"的希望寄托在回归以语言为代表的面对面的"交往互动"之上的原因。在当代城市，商业空间正在不自觉地代替政府来提供社会公共活动场所（图4-1-3）。大部分商业卖场的广场区得到了积极的利用和认可，人们在商

> 图4-1-3　现代商业空间给人们提供社交的场所

业户外广场能有地方吃东西和放松休息。同时,商业内庭共享空间现在几乎被设计得如同户外空间,造成室内广场室外化,并成为优化社会公共体验最有效的途径,比如波特曼首创的"共享空间"的设计,就以人的活动作为空间中的重要因素,将不同活动都组织在一个大空间中。其意义在于通过感官激发最为深层次的体验,这种体验与人类的社会文化背景息息相关,而特定空间的营造能给予参与者许多戏剧性体验。

4.1.3 场所空间的营造

场所营造体现了人的个性和社会属性。场所所聚集的意义构成了场所精神,即身在场所中的人所体验到的场所的品质。好的场所不只是砖和灰浆,它们是汇集记忆的容器,是一种公共意识的积累(图4-1-4)。

商业空间设计是构成城市建设的重要部分,应当积极地参与场所空间的营造。商业卖场中的公共艺术建设,是一种精神投射下的社会行为,不仅仅是物理意义上的城市公共空间艺术品的简单建设,更重要的是为了满足城市人群的行为需要和精神需求。相较于传统的公共艺术以"品"的方式静态设置在城市的公共空间,卖场中的公共艺术更注重其文化属性。比如,雕塑、景观和陈设艺术品等城市公共空间中物化的构筑体,或事件、展演、互动、计划都是诱发城市文化的起搏器,可以连接城市的历史与未来,增强人们对于空间的记忆(图4-1-5、图4-1-6)。例如重庆北仓书店设计,设计师以重庆老建筑历史文化为基石,保留了原有建

> 图4-1-4 给人以优雅、空灵感的多芬首饰场所设计

> 图4-1-5 体现日本和式文化的商店设计

筑的结构及元素，尊重其一砖一瓦一草一木，使用具有地域性特征的材料——竹，搭配玻璃、钢筋等现代材料，凸显出北仓书店的历史时尚化、空间情境化格调，将具有人文情结的内容植入其中，让老建筑有机更新，铸造出新的城市文化生态（图4-1-7）。

> 图4-1-6　伦敦街边专卖店设计，是古典英伦风格的展现

> 图4-1-7　重庆北仓书店，容易引起人们对四川竹海的感知

　　商业卖场设计中场所空间的营造本身已具有重要品牌形象和城市公共形象的展现价值，并逐渐成为一个能在公众和自身形象之间建立联系的多维主题，因此，卖场自身也是地域文化的场所，是城市形象及场所精神的有机组成部分。

4.2　商业室内设计的要素

　　商业室内设计要素主要从空间组织安排、材料创意表现，以及色彩、灯光、声效、陈设品、视觉导向设计这几个方面入手，有效组织商业空间环境的内外因素。

4.2.1　空间组织安排

　　尽管商业空间的构成、面积、形体等千差万别，但无论多么复杂的空间，一般来说都是遵循空间基本形态来进行动线、视线设计及空间界面处理。合理的空间组织安排可以提高卖场有效面积的使用率，能为消费者提供舒适的购物环境，使之获得除购物之外的精神满足。

（1）商业空间基本形式的划分

　　现代商业卖场设计充分利用空间处理的各种手法，如空间的错位、穿插、裂变、悬挑等，使空间形式构成得以充分拓展。但是要使抽象的几何形体具有深刻的表现性，实现有意境的空间体验，还要求设计者对空间构成形式的本质具有深刻认识。商业卖场的基本空间形式主要有以下几种。

1）开敞空间

　　开敞空间是外向型空间，限定性和私密性较弱，讲究对景、借景，强调与大自然或周围空间的交流、渗透、融合，它通过更多的室外景观扩大视野，常常用作商业室内外空间的过渡空间。比如大型卖场，开敞空间灵活性较大，便于经常改变室内布置，给人以开朗、活跃的心理感受（图4-2-1）。

2）封闭空间

　　封闭空间指以限定性高的围护实体如承重墙、轻体隔墙等包围起来的空间，对空间进行视线、声音等的隔离。分隔出的空间界限非常明确，相对比较安静，私密性较强，还具有抗干扰的优点，比较适用于商场专卖店空间、商业街店铺空间等相对独立的空间设计。为避免单调和闭塞，往往借助灯、窗、镜面、隔断来扩大空间的视觉范围，丰富空间的层次感（图4-2-2）。

> 图4-2-1 世界上第一家TOG概念店，位于圣保罗金融中心的法利亚利马大道

> 图4-2-2 韩国首尔江南区Paul Smith专卖店

3）半封闭性空间

半封闭性空间指以围合限定性较低的界面进行空间分隔。这类空间组织形式在交通和视觉上有一定的流动性，其分隔出的空间界限不太明确。比如专卖店内部设计，分隔界面主要以较高的家具、一定高度的隔墙、屏风等组成（图4-2-3）。这种分隔形式具有一定的灵活性，既满足功能的需求，又能通过空间层次、形式的变化产生比较好的视觉效果。

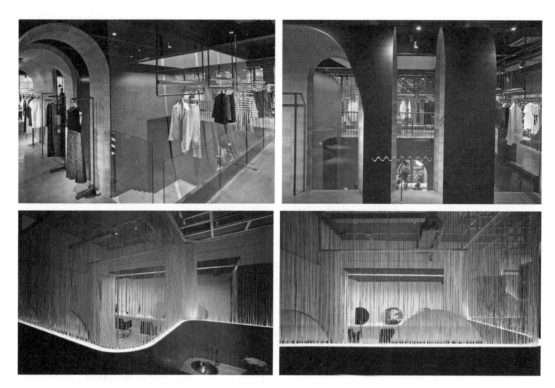

> 图4-2-3　以隔墙、布帘分割区域的半封闭性空间

4）意象性空间

意象性空间是运用非实体界面分隔的空间。它主要是一种限定性较低的分隔方式。空间界面比较模糊，通过人的视觉和心理感受来联想感知，侧重于表现一种虚拟空间，具有意象空间的意味。

在商业空间中，可以运用栏杆、绿植、水体、玻璃灯、通透的隔断，或者花纹图饰、色彩、材质、光线、高差等因素组成的意象性空间，形成区域分隔。在空间划分上形成隔而不断、通透性好、流动性强、层次丰富的分割效果。在传统室内设计中，此种分隔方法也称"虚隔"。例如Inshopnia服装店，店里的家具既可以挂衣服，也可以用来展示。如此一来，所有的空间都被这个主要的木结构所分开。材料的选择也遵循使衣服引人注目的原则。因此，墙壁保持原来的状态，地板则用树脂地板，以突出其自然状态（图4-2-4）。

5）动态空间

动态空间或称流动空间，具有空间的开敞性和视觉导向性，界面组织具有连续性和节奏性，空间构成形式多样（图4-2-5），可使视线从一点转向另一点，引导人们从"动"的角度观察周围事物，将人们带到一个空间和时间相结合的"第四空间"。比如，在商业空间室内设计中加入流水或者其他人工流动景致，形成透明度大的隔断，以保持整个空间的流通开敞。空间连续贯通之处，正是引导视觉流通之时，空间的运动感既在于塑造空间形象的运动性上，也在于组织空间的节律性上。

> 图4-2-4　Inshopnia服装店内的木框形状摆台引发意象性空间想象

> 图4-2-5　AGORA零售店设计，墙壁似波浪起伏，地面曲线把人的视线引向远方，
使得整个空间都呈现出动态

　　动态空间有以下特点：善于利用自动化的设施、人的活动等形成动势；组织引导人流动的空间序列；方向性较明确；空间组织灵活，人的活动线路为多向；利用对比强烈的图案和动感线形；善于利用光怪陆离的光影及生动的背景音乐；引入自然景物；利用楼梯、壁画、家具等使人的活动时动时静；利用匾额、楹联等启发人们对动态的联想。

6）静态空间

一般来说，静态空间形式相对稳定，常采用对称式和垂直水平界面处理，空间比较封闭，构成比较单一，视觉多被引导到一个方位或一个点上，空间较为清晰、明确。

静态空间具有以下特点：空间的限定性较强，趋于封闭型；多为尽端房间，序列至此结束，私密性较强；多为对称空间（四面对称或左右对称），除了向心、离心以外，较少有其他倾向，以达到一种静态的平衡；空间及陈设的比例、尺度协调；色彩淡雅和谐，光线柔和，装饰简洁；视线转换平和，避免强制性引导视线。

7）虚幻空间

虚幻空间是利用不同角度镜面玻璃的反射及镜面反映的虚像，把人们的视线转向由镜面所形成的虚幻空间。在虚幻空间可产生空间扩大的视觉效果，有时通过几个镜面的反射，可以利用原来的平面物件给人以立体物件的幻觉，利用紧靠镜面的不完整物件给人带来完整物件的假象。

在商店设计时，对室内特别狭窄的空间，常利用镜面来扩大空间感，并利用镜面的幻觉装饰来丰富室内景观，使有限的空间产生了无限的、古怪的空间感（图4-2-6）。它采用现代工艺营造的奇光异彩和特殊肌理，创造了新奇、超现实的喜剧般的空间效果。作为商业空间的设计师，应积极探索空间构成的新的可能性，根据不同商品的特质，塑造具有相应空间体验张力的商业环境。

> 图4-2-6　墙面由镜子反射产生虚幻空间，使空间产生无限扩张感

8）凹入空间

凹入空间是在室内某一墙面或局部角落凹入的空间，特别是在商业卖场的入口设计中运

用比较普遍。由于凹入空间通常只有一面开敞，因此受到干扰较少，可形成安静的一角。有时还可将天棚降低，营造清净、安全、富有亲密感的效果。根据凹进的深浅和面积的大小不同，可以进行多种用途的布置，如利用凹入空间布置休息椅，创造出理想的交流、休息空间。在餐厅、咖啡室等空间可利用凹室布置雅座，避免人流穿越的干扰，获得良好的餐饮空间。在内廊式的商业街，利用内凹式设计适当布置凹室，作为橱窗展示或休息等候的场所，可以避免空间的单调感（图4-2-7）。

> 图4-2-7 广州Peter Fong咖啡厅

9）外凸空间

凹凸是一个相对的概念，外凸空间对内部空间而言是凹室，对外部空间而言是凸室。大部分的外凸空间希望将建筑更好地伸向自然，达到三面临空，饱览风光，使室内外空间融为一体的效果。或通过锯齿状的外凸空间，改变建筑朝向方位等。外凸式空间在现代欧美商业建筑中运用得较为普遍，如建筑中的挑阳台、阳光室等都属于这一类。

10）共享空间

共享空间满足了各种频繁、开放的公共社交活动和丰富多样的旅游生活的需要，由波特曼首创，在各国都享有盛誉。它以罕见的规模和内容、丰富多彩的环境、别出心裁的手法，将多层共享空间打扮得光怪陆离、五彩缤纷。

从空间处理上，共享空间是一个运用多种空间处理手法的综合体，大中有小，小中有大，相互穿插，融汇各种空间形态。变则动，不变则静，单一的空间形态往往给人以静止的感觉，多样变化的空间形态则会形成动感（图4-2-8）。

11）母子空间

人们在大空间一起活动、交流，有时会因受到彼此的干扰而缺乏私密性，空旷而不亲切。而封闭的大、小空间虽避免上述缺点，但又会产生商业活动中的不便和空间的沉闷、闭塞感。母子空间是对空间的二次限定，是在原空间中用实体性或象征性的手法再限定出小空间，将分隔与开敞相结合，在许多空间中被采用。通过将大空间划分成不同的小区（图4-2-9），增强了亲切感和私密感，能更好地满足人们的心理需要。这种在共性中进行个性的空间处理，强调心（人）、物（空间）的统一。

> 图4-2-8　集零售、休闲等多种社交活动于一体的共享空间

> 图4-2-9　专卖店母子空间，增强了亲切感和私密感

（2）流线设计

流线是人在空间中的行动路线，它既是功能性的，也是形式表现性的。流线设计的目的是达到"可达""可视""导向性"。"可达"是商业卖场引导购物者进行购物的最基本功能要求，以保证人流能舒畅快捷地到达室内各个区域，扩大卖场的人流量以及企业品牌的商业价值；"可视"指保证购物者在可到达的前提下，尽可能对其进行广告宣传等，使购物者获得尽量多的商业信息，激发他们的购物欲望；"导向性"是指购物者根据空间的导向性判断空间的方向，区分功能区域，室内设计主要通过空间形态或标识系统进行指引。

功能性流线必须符合建筑空间功能性要求，而形式表现流线则必须吻合审美心理的要求。设计师仅仅面对平面图来布置功能区域，煞费苦心地确定动线是不够的，应想象着在既定的空间里走动，设想各类功能产生的程序以及相互关系，就像导演一样，为顾客设计怎样进入这个商业空间，怎样在这个商业空间里走动和停留，怎样产生主动的诉求，最终实现商品交易。如上海K11门店设计，设计师通过设置在竖向格栅略低于视线位置的条状开口，形成一条动态流线，这样增强了人们视觉的专注度及对产品的关注度。靠近格栅后，因为开口略低于水平视线，当俯下身体观看的同时，视线也自然地被引导到天花板的位置。墙面竖向格栅延伸到顶面，形成了自然的空间围合，产生了规律性的空间引导作用，顾客在店铺内步移景易，增强了入店驻留的可能性（图4-2-10）。

> 图4-2-10　上海K11门店

　　流线设计可以说是空间设计的核心。商业空间是流动的空间，它往往不是一个单一的空间，而是以多个空间相互连接的形式存在，各个空间存在一定的序列关系，这种关系应与使用者的行为模式和动线相契合，而参观者在空间中的活动也是一种时空连续的有序运动。所以说，一个商业空间设计的成功与否和它的动线设计有直接的关系（图4-2-11）。

　　商业空间的动线指与商品销售、服务等有关的行走流线，主要包括顾客动线、服务动线、商品动线。动线设计不仅要求符合人体工学的空间要求，同时还要求考虑人流交叉、家具的布置等因素。在设计中，我们还要以人体尺度为依据，来确定货架、柜台的布置和相互的间距。在保证流线的前提下，商家往往希望尽可能地多布置家具，以提高使用面积。动线通道的宽度是根据商品的种类、性质、顾客的人流和数量来确定的。在设计中，应以计算和实际经验相结合的方法，避免过宽或过窄，既避免交通混杂，确保人流安全便捷地通过，又不至于产生空旷的感觉。

> 图4-2-11 通过顶面吊顶走向与灯光引导顾客的动线

（3）视线设计

在商业空间设计中，确定观看者与环境之间的方向关系、位置关系和距离关系尤为重要，这就涉及常说的视觉轴线或视域走廊——用来组织商业空间景观的重要因素。空间规划常以视觉轴线为中心来展开分析。空间中的视觉轴线有数个，往往有主、辅轴线之分，重要的景观因素一般布置在主视觉轴线上。合理的视觉设计还应建立在对具体场地的视点、视距等分析的基础之上。

以商业空间中顾客乘坐电梯时的视点分析为例。由于电梯在垂直方向运动，因此顾客在乘坐电梯时观察方向也会发生变化：视点逐渐提高，视线从水平移动转为垂直移动，最后便以俯瞰为主，因此，首层的顶视景观就显得格外重要——首层的柜台、展架除了本身在普通视线下要显得精美外，还需要在顶部的造型处理上整体考虑，以塑造更好的顶视景观（图4-2-12）。

（4）空间界面处理

空间是由界面来划分和限定的，如顶面、地面、立面等。当代有些非线性空间设计者常常突破了既有的顶、地、墙的概念，使得三者的界限发生变化，界面划分逐渐模糊（图4-2-13）。商业空间中各商店及卖场界面的大小和形状直接影响空间的体量，界面自身的效果和各界面之间的关系对商业空间总体气氛的影响也很大。空间的各个界面是一个有机的整体，除了依据空间设计原理，综合运用色彩、造型、材质、光线等要素外，还应综合考虑构造、施工条件等。而在商业空间中，界面的设计首先要考虑商家的营销理念。

> 图4-2-12 高度不同，视线景观不同

> 图4-2-13 模糊立面与顶面界限的商业空间

1）顶面设计

顶面是建筑内部空间的上层界面，但并非是一个平面的概念，顶面设计的目的是创造不同的上层空间，而不仅仅是对上部界面进行装饰。顶面也是商业空间照明的主要载体。顶面基本上可分为无遮挡顶面、半遮挡顶面和全遮挡顶面三种。

有较大高度的顶面会令人产生空旷感，较低顶面则使人产生压抑感，依据不同的区位设定不同的高度的顶面，会产生不同的空间效果。顶面设计将根据不同的功能和预设的虚空间的理想体验而生成（图4-2-14）。

> 图4-2-14 Solara鞋店顶面布满了鞋子模型

2）地面设计

地面承担着交通承载、暗示空间区域、指示线路的诸多功能。围绕着这些功能要素进行地面设计时，就必须考虑营造整体空间的感受。地面是一种空间概念，不是单纯的平面概念，适当的变化将给整个空间增添生动的趣味。无论是建造地台创造上升空间，还是下沉或者凹形空间，都会改变顾客的动线和视线，创造新的空间体验，地面不同的处理手法带给人们不同的感受（图4-2-15、图4-2-16）。

> 图4-2-15　"hat cloud"帽子商店的地面与顶面相呼应

> 图4-2-16　"key to style"主题女装区

3）立面设计

立面又称垂直界面，在商业空间中主要由墙、隔断以及各种货架的垂直面构成。随着新材料、新技术和设计理念的发展演变，"立面"已不单纯是一个面，而是呈现丰富的空间变化（图4-2-17），常常被用来分隔空间，围合起虚拟空间以供具体使用。

> 图4-2-17　新型立面装饰材料

商业空间的墙面大多被各种柜台、货架、展柜等所掩盖，少数露在外面的部分都比较简洁。隔断是商业空间中常用的界面限定手法，在限定空间的同时又不完全割裂空间，既能区分不同性质的空间，又能实现空间之间的相互交流。隔断也是形成商品展示的主要背景，或被设计为品牌形象墙。商业卖场的设计中，展示商品的货架就是最好的隔断，展柜的高低错落、多变组合会给空间层次带来丰富的视觉体验。而那些简洁、灵动、别具一格的商品展示道具，在空间层次的分隔上更有表现力，使内外空间隔而不分、流动贯穿。

总之，分割商业空间的立面因素丰富多彩，包括建筑原有的墙面、柱子、隔断、家具、陈设、绿化、水体、悬挂织物、地面高差变化等，只有将其协调统一，才能创造出丰富的空间。商业空间整体设计是通过各空间界面的有效整合来实现的。

4.2.2 材料创意表现

材料的选择是商业空间设计的一项重要工作。材料的种类繁多，不同的材料有不同的质感、不同的色彩、不同的视觉效果（图4-2-18）。在商业空间的装修中，设计师应根据内部空间的使用性质，选择相应的材料，充分利用材料固有质感的视觉效果，创造良好的空间氛围（图4-2-19）。

> 图4-2-18 不同材料具有不同质感

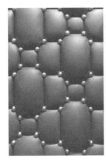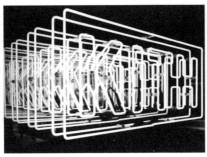

> 图4-2-19 种类繁多的装饰材料

（1）材料的基本属性

材料属性是构成空间表皮材质的基础，从恒定性与可变性上看可以分为两类——物理属性和感官属性。

物理属性：密实度、硬度、比重、绝热性能、承重性能等可以被物理实验确定的性能。

感官属性：在时间和气候等因素作用下可变的或偶然呈现且能被人知觉所感知的属性，如不同强度光照下材料的表面颜色、光泽度，以及不同加工条件下材料所体现的触感及轻重感。

材料的不同形态、质地、色泽以及肌理等对表皮材质的形成都格外重要。材料的物理属性作为主导影响着空间关系的组织，材质呈现要素要与空间相匹配，用实体材料介入构图，参与对空间的塑造。通常，空间氛围的塑造主要依赖空间几何秩序及形状，人们对空间的感知也主要依赖视觉，而当材质摆脱了抽象构件的身份时，它们就不再仅仅是一种视觉图像，它们获得了重量、温度、光泽、粗糙或者细腻的表面，甚至包括气味（图4-2-20）。

> 图4-2-20 米兰Camper鞋店具有温度的装饰材料

不同表皮材质的融合、对比，以及对单一材料感官属性的发掘，都可以塑造空间氛围，具体如下。

① 光泽感。如镜面不锈钢、镜面石材、刷清漆的木材、玻璃、玻璃瓷砖等。光泽的材料能产生镜面的效果，从而起到扩大空间的作用，让人产生一种魔幻与对称的神奇视觉体验。

② 粗糙与细腻。这种触觉体验是由材料的质地决定的，也是相对存在的。比如，部分硅藻泥艺术墙或水泥磨砂地面的肌理给人一种粗糙的视觉感受，而光泽的细水泥材质却给人一种细腻感。

③ 柔软与坚硬。柔软与坚硬的感觉也是相对的。比如皮毛、织物等给人柔软、舒适的感觉。木材有一定的硬度，但较石材、金属等却要显得柔软得多。

④ 透明感。常见的透明材料有普通玻璃、有机玻璃（图4-2-21）、透明有色玻璃等；半透明的材料有磨砂玻璃、半透明有色玻璃等。利用材料的透明性可以分割和改善空间。

⑤ 冷暖感。材料给人的感觉有冷暖之分，如金属、玻璃等给人冷的感觉（图4-2-22）；而羊毛织物等则给人温暖的感觉；木材属于中性材料，在使用时很容易与其他的材料达到和谐。

> 图4-2-21　眼镜店设计运用有机玻璃材料，给人以通透、光明的心理暗示

> 图4-2-22　铁艺金属质感的材料，给人以力量、沉稳的感觉

（2）材料的表情

　　材料的表情指立足于材料的各种特征及知觉效果而使人产生的情感反应。了解材料的这一特点，便于设计师从人文的维度了解材料、运用材料，为商业空间设计提供艺术性思维与方法。

　　空间设计中的每一种材料都有其特殊的表情，例如纺织品和人体的接触最为密切，因此，它给人的视觉感受和触觉感受同样重要。染织工艺在不断追求新的纹样的同时，更注意肌理结构的创新，这不仅是为了满足视觉审美的要求，也是为了触觉上的舒适。此外，木材的自然纹理能唤起人们的一些情感，而它被触摸时给人的温润感更为人们所青睐。

材料的质感和肌理能调动人们的综合知觉与感受，直接引起雄健、纤弱、坚韧、光明等诸多心理感受。这种基于经验的心理感受最终将沉淀为一种通感，构成材料的表情。而商业空间设计中，材料的表情将成为塑造特定空间体验的基本"材料"（图4-2-23）。

> 图4-2-23　木质、水泥、塑料、玻璃、金属不同属性的材质给人不同的"材料表情"

（3）商业空间设计中材料的使用

材料的选择与使用是商业空间设计中与技术设计有关的一项重要工作。虽然在设计中，设计师往往先按照设计的美学要求来选择材料，但材料应用得正确与否，将会影响到功能的使用、形式的表现及装饰效果的持久性等诸多方面。所以，在对商业空间进行材料选择时，要求我们综合考虑工程的环境、气氛、功能、经济效益、审美等诸多方面的因素，使材料不仅能在视觉和功能的层面为顾客提供舒适的空间，更在理念上为现代商业空间设计的创意性发展提供可能性（图4-2-24 ～图4-2-26）。

商业空间设计材料从空间应用的部位看可分为这几种：主要构造材料、表面装饰材料、技术功能材料等。

> 图4-2-24　常规材料的非常规使用

> 图4-2-25　利用新型材料能产生独特的空间体验

> 图4-2-26　利用藤条材料以影响最小的方式处理现有空间的遗留结构

1）主要构造材料

主要构造材料指用以分割空间、构成主要空间层面的材料。如作为分割空间的墙体材料、隔断的骨架、木地板下的基层格栅、天花吊顶的承载材料（如轻钢龙骨），等等。这一类材料可能在施工结束后都被其他材料覆盖或掩饰，但它在空间设计中起到的是非常重要的构造作用。因此，这一类材料的强度、硬度、施工方式等就成为选择材料的主要因素。

2）表面装饰材料

这一类材料主要用来修饰空间的各个部位。设计师主要依照材料的质地、材料的光泽、材料的纹理与花饰这几个方面选择装饰材料。

材料的质地，指材料表面的粗糙程度或肌理，不同的质地会产生不同的装饰效果；材料的光泽，指材料表面反射光线的属性，通常把有光泽的装饰材料称为"光面"材料，光泽特别强的甚至称为"镜面"材料，如大理石、花岗石等石材，不锈钢板材等，把表面无光泽的称为"无光"或"亚光"，如各种釉面砖、油漆涂饰过的木材等；材料的纹理与花饰，许多装饰材料是以表面的纹理和花饰来体现其本身的特点的，如具有木纹的木材，人造的木材贴面、石材，印花的釉面砖，各种纺织品面料等。

一般来说，建筑师不愿意利用装修材料来掩饰建筑本身，而重视显示出材料的本身质地（图4-2-27）。所以从商业空间室内设计的角度来看，选择材料也应当充分发挥材料自身的特点而不是去掩饰它，如木材有纹理应该用清漆来涂饰，而避免用不透明的涂料来掩盖。但

> 图4-2-27 不做过多修饰，展现材料本质的商业空间

在大部分情况下，建筑本身的功能发生变化或有明显的缺陷时，室内设计应当通过选用适合的表面装饰材料来修饰、改善室内环境，以营造室内环境的艺术气氛。

3）技术功能材料

这一类材料在室内设计中与装饰的表面效果不一定有直接的关系，但对于室内环境的整体质量，尤其是舒适程度等物理指标有很大的影响，它们在改善室内的光环境、声学环境和创造宜人的温度、湿度等方面有直接的作用。这类材料有如下几小类。

光学材料：主要用于室内的采光和照明方面。大致可分透光材料和不透光材料两大类。利用透光材料，可以起到保护光源、导入光线或改变光源性质的作用。例如，在商业卖场展览设计中，利用磨砂玻璃、乳白玻璃或光学格栅，使光源的光线漫射到陈列物品之上，使光线的能量均匀分布在较大的空间区域中，从而降低局部过高的亮度，以减弱眩光甚至消除眩光。

声学材料：主要用于改善室内的声学质量。这类材料能吸收有害的声能，它的物理指标是吸声系数，系数越大，材料吸收声能的性能越强。实际运用中的吸声材料大都是一些轻质多孔材料。在商业空间室内环境设计中，材料的弹性模量越大，隔绝空气声的能力越强。

由于商业空间环境设计所涉及的技术要求很多，难以用一种材料来同时满足各方面的需求，因此，不同场合应选择相应的材料。而把各种材料很好地结合在一起，并且又能够体现设计师的艺术构思，就有待于利用室内构造设计来加以解决。

4.2.3　色彩空间体现

研究表明，色彩为广告的信息传递增加了4%的消费者，改善人们理解力的幅度达75%。在商业空间中，色彩可以非常迅速地吸引人们的注意力，人们无须看清店堂内的招牌、文字，单凭色彩就能直接感受出店铺的经营种类、市场定位、经营特色等。因此，如果在商业空间中能恰如其分地运用色彩，就可以迅速向顾客传递信息。

面对日趋理智的消费者，色彩营销是一种无形而又高效的营销手法。色彩营销就是要了解和研究消费者的心理，同时对商品进行正确的定位，运用色彩的表达将商品的信息迅速地传达给消费者。但不同的消费者对色彩的感受也有所不同。因此，在商业空间色彩的设计中，针对不同的商业空间功能、不同的消费人群，必须合理地运用色彩，以满足消费者的心理和生理需求（图4-2-28）。

> 图4-2-28　年轻人偏好的色彩组合

（1）色彩设计的基本原理

色彩在设计中起着创造或者改变某种格调的作用，能给人带来某种视觉上的差异和艺术上的享受。人进入某个空间最初几秒钟内得到的印象大部分是对色彩的感觉，然后才会去理解形体。所以，色彩给人的第一印象是商业空间设计不能忽视的重要因素。在设计上遵循一些基本的色彩原理，可以使色彩更好地服务于整体的商业空间设计。

1）色彩的分类

根据色彩对人心理的影响，可将其分为暖、冷、中性三类色调。人类在生活中接触的热源，如火焰、阳光等都是以红、黄为主的，因此，把红、黄为主的色彩成为暖色调。暖色调体现着温馨、热情、欢快的气氛，主要用于喜庆、热烈的环境中，如玩具店等。植物、海洋等清爽物质的色彩都是以蓝、绿为主的，因此把蓝、绿为主的色彩称为冷色调，体现着冷静、湿润、凉爽的气氛，主要用于心情需要平静的场所，如书店等。中性色是指没有冷暖倾向的色彩，如灰色、黑、白。

2）色彩的搭配

在同一空间中，色彩的搭配如果不协调，会使人们产生不舒服的感觉，因此，在同一空间中使用多种色彩，就必须注意色调的和谐。一般来说，当各种色彩对比非常强烈时，需要将一种色彩混入各色彩中，使各种色彩都含有该色彩成分，从而削弱各色彩的强度，达到调和色彩的目的。

3）色彩的偏好

色彩会对人的心理产生重要作用，年龄、性别、风俗习惯不同，所喜爱的色彩也不同。从年龄上分析，少年儿童活泼好动，特别喜爱明快、鲜艳的色彩，因此在设计儿童用品店时，应用明快、鲜艳的色彩；青年人思想活跃，精力旺盛，偏爱明快、对比强烈的色彩；中老年人沉稳含蓄、朴素好静，一般喜爱纯度低的色彩。在商业空间色彩设计中，空间本身要表现的概念与氛围、商品的功能、形象及其所面对的消费人群，决定着所要运用的色彩（图4-2-29）。

> 图4-2-29　少年儿童活泼好动，常常能被明快、鲜艳的色彩吸引

（2）色彩的情感特征

色彩是设计中最具表现力和感染力的因素，渗透在商业空间的每一个形态，是进行室内设计必须研究的对象。不同的人群在不同的民俗、风俗、环境和文化的熏陶和影响下，对其接收的视觉色彩都会产生不同的生理与心理感受，进而对色彩产生不同的联想与情绪反映，使不具有情感的色彩也就相应地被赋予了不同的情感特征。正是因为色彩情感的存在，色彩才更加具有生命力。所以，认识色彩的情感特征，是进行商业空间色彩设计必不可少的准备工作。

1）色彩的感官属性

色彩常赋予人的感官类似于物体物理性质方面的感受，如温度、距离、尺度、重量等，充分发挥和利用这些特征，将会赋予设计作品以感人的艺术魅力，创造出更加具有情感的商业空间环境。

① 距离感。色彩可以使人感觉到进退、凹凸、远近的不同，一般暖色系和明度高的色彩能产生前进、凸出、接近的效果，而冷色系和明度较低的色彩能产生后退、凹进、远离的效果（图4-2-30）。商业空间设计中常利用色彩的这些特点去改变空间的大小和高低。例如，当商业空间墙面距离入口较近时，可采用冷色系和明度较低的色彩，加大空间感；当室内空间过于空旷时，可采用暖色系和明度较高的色彩，使整个空间产生紧凑感和亲近感。

> 图4-2-30 产生前进效果的暖色调空间

② 轻重感。色彩的轻重感主要取决于色彩的明度和纯度。明度和纯度高的色彩具有轻快感，显得轻飘，如粉色、浅黄色、嫩绿色等。明度和纯度低的色彩具有重量感，显得庄重，如黑色、褐色等。商业空间的色彩在整体搭配时，一般地面的色调最深，墙面可用中间色调，

顶棚色调最浅，以此达到稳定与平衡的需要，避免出现上重下轻或下重上轻的感觉。

③ 尺度感。色彩的尺度感是通过色彩的色相和明度两个因素体现出来的。暖色和明度高的色彩具有扩张作用，因此物体显得大，而冷色和暗色则具有内聚作用，因此物体显得小。商业空间环境中不同物体的大小与整个空间的色彩处理有着密切的关系，可以利用色彩来调节物体的尺度感，改善空间各实体由错视觉引起的尺度误差，使整个空间各实体部分的尺度关系更为协调和适度（图4-2-31）。

> 图4-2-31　蓝色往往代表人类所向往的地方，如宇宙和深海，令人感到美好而神秘。红色光感较强，给人以光明、辉煌、阳光的印象。利用色彩来调节空间尺度关系，是设计中常用的手法

④ 软硬感。色彩给人一定的软硬感受，体现在明度和纯度两个方面。高明度、低纯度的色彩具有柔软感，如粉色、浅黄色、浅绿色等；低明度、高纯度的色彩具有坚硬感，如玫红色、墨绿色等。在无色系中，黑、白两色给人的感觉硬，灰色则显得柔软。例如，在以女性为主要消费群体的专卖店中，一般选用高明度、低纯度的色彩，来营造休闲的氛围，表现一种柔和美。

2）色彩的心理效应

色彩心理效应主要表现在两个方面，即悦目性和情感性。

悦目性指其可以让人赏心悦目、心情舒畅，给人以美感。商业空间的色彩设计应尽量满足人们在色彩方面的一般审美习惯，尊重人对色彩的欣赏习俗。如中国人喜欢红色，认为红色吉祥喜庆，在一些庆典场合和节日期间，商场都会选用红色装饰空间。

色彩能影响人的情绪并引发情感的变化，即情感性。例如，购物中心常选用明快通透的色彩，给消费者以开阔的视野，从而营造出愉悦的购物氛围。

3）色彩的联想效应

由于人们的年龄、性格、民族、素养、生活经验不同，加之色彩具有很强的象征性，人们对不同的色彩表现会产生不同的联想。绿色使人宁静，具有青春的活力；红色象征热情，看到红色，人会联想到太阳、火焰，从而感到兴奋、热情，红色也可以使人联想到鲜血、暴力等；黄色象征愉快和安静，一般人看到黄色会联想到阳光普照大地，从而感到明朗；蓝色象征理智，看到蓝色，人会联想到天空、大海，从而感到平静、开阔（图4-2-32、图4-2-33）。

> 图4-2-32　黄色在商业空间的应用　　　　　> 图4-2-33　蓝色在商业空间的应用

（3）商业空间色彩设计原则

在商业空间中，各种色彩相互作用于空间。和谐与对比是色彩间最根本的关系，如何处理好这种关系是创造空间气氛的关键。

① 整体性原则

色彩过多、对比过强的环境，易令人眼花、不安，而完全用一种色彩又显单调。整体性原则强调色彩运用要在统一中求变化。空间环境色彩规划必须符合空间构图的需要，正确处理协调和对比、统一与变化、主题与背景的关系。

商场为确定统一的视觉形象，应定出标准色，用于统一的视觉识别，显示企业特性；在商场的不同楼层、不同位置，又要有所变化，形成不同的风格，使顾客依靠色调的变化来识别楼层和商品分区，同时，唤起新鲜感，减少视觉与心理的疲劳。

② 顾客定位原则

不同目标的消费人群有不同的色彩偏好，而不同的色彩也会给人的心理带来不同的感觉，所以，在确定商业空间色彩时，要考虑特定顾客的感情色彩。如销售对象主要定位为青年人，空间色彩可采用对比度较大的色系，让人感觉到青春的气息与快节奏的生活；如顾客定位为运动者，则空间色彩可适当结合浅蓝、浅绿等颜色以营造轻松愉快的氛围，亦可考虑用橘黄、暖黄色，以提高顾客的兴奋度（表4-2-1）。

③ 功能性原则

不同的空间有不同的使用功能，色彩设计也要随空间功能类型的改变而做相应变化。例如利用色彩的明暗度和纯度来创造空间气氛时，使用高明度色彩可获得光彩夺目的空间气氛；使用低明度的色彩和较暗的灯光，则给人一种"隐私性"和温馨感；使用纯度较低的各种灰色可以获得一种安静、柔和、舒适的空间；使用纯度较高而鲜艳的色彩可获得一种欢乐、活泼的空间氛围等。

表4-2-1　不同性别、年龄、收入水平的顾客对视觉形象的偏好

顾客		形象			
		形态	质感	色彩	照明
性别	女性	有机的纤细曲线，纤细的形状，较小的平面形状	光滑的质感，让人感觉轻的材料（绢等）	中等的明度、彩度，淡的、柔和的色彩	间接照明，柔和的光线装饰照明
	男性	直线、粗线，大的形状，立体的形状	粗的质感，有厚重感的材料（金属、石材、木材）	明度、彩度高或低（男性兴趣较女性广），浓的色彩	直接照明，强调部分用光线强的射灯、聚光灯
年龄	青少年	几何形，高低凹凸的变化，新奇的形	新的材料，人工材料，质感有变化	原色的对比，明度、彩度高，刺激性强的色彩	变化大的直接照明，暗的空间
	中老年	有机的形，有安定感的形，不变的形	普通的材料，自然的材料，所有材料调和	中间调和色，明度、彩度低的色彩	间接照明，弱的、具有情调的照明，明亮的空间
收入	高收入层	装饰性的形，传统的形，有机的形	价格高的材料，自然的材料	由材料本色呈现的高贵华丽的色彩	少量豪华的灯具，间接照明
	低收入层	功能的形，新颖变化的形	价格低的材料，人工制造大量生产的材料	能覆盖材料的色彩，常见的、单一的色调	多种灯具的组合，直接照明

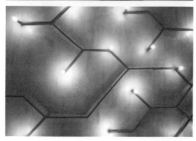

> 图4-2-34　柔和的灯光照明设计，营造出温暖的空间气氛

4.2.4　灯光照明设计

在商业空间设计中，单凭实体空间界面不足以带来细腻而丰富的空间体验，商业照明设计恰恰能够提供有效的补助，形成一种虚空间，因而，光环境的塑造也成为创造和完善空间主题的重要途径。光环境的变化意味着空间气质的变换，不同的光可以来定义不同的空间，影响其中的情感和事件（图4-2-34）。空间与灯光照明设计一体化是当代商业空间发展的必然，也是商业空间整体设计的一部分。

在进行商业空间灯光环境设计时，对所有空间和商品进行普遍照明的同时还要对重点展品作重点的照明，引导顾客进入商场，使购物场所形成明暗有序、色彩丰富的空间层次和序列，提高顾客的购买欲望。

（1）商业空间照明理念

商业空间照明与其他类型的建筑照明的主要区别在于：展示商品主要针对垂直面来进行考虑，而不是通常所考虑的水平面。因此，在照明设计上要避免较集中的下射光，以衬托垂直面的照明效果。少量而多区间的商业照明方式比多量而少区间的方式要好，但出于另一方面的考

虑，设计师需要找到一个灯具数量与柔和度的平衡点。

对于商业空间设计而言，方便消费者的参观与购买过程是至关重要的。其间的照明设计应为消费者的参观路线起到引导和照明的作用，在购物区引起顾客对特殊商品的关注，并为其后的购买行为提供合适的作业照明，同时传达出特定的气氛或加强购物主题。

现代商业空间的照明设计除了需要考虑功能性以外，更需要突出艺术性的表达，以此来强化环境特色，塑造展示主体的形象，从而达到吸引消费者、树立品牌形象的目的（图4-2-35）。

> 图4-2-35　以墙壁灯增强照明的商业空间，往往能吸引消费者的注意

（2）商业空间的照明方式

商业空间灯光照明方式有很多种，根据灯具光通量的分布状况及灯具的安装方式，可以分为以下几种。

1）直接照明

光线通过灯具射出，其中90%～100%的光线到达假定的工作面上，这种照明方式为直接照明。这种方式具有强烈的明暗对比，并能造成有趣生动的光影效果，可突出工作面在整个商业空间中的主导地位（图4-2-36），但是由于亮度较高，设计时应考虑防止眩光的产生。

2）半直接照明

半直接照明方式是将半透明材料制成的灯罩罩住光源上部，使60%～90%以上的

> 图4-2-36　泰国曼谷零售店内的直接照明设计，光影效果生动

光线集中射向工作面，10%～40%被罩光线又经过半透明灯罩扩散而向上漫射，其光线比较柔和。这种灯具常用于较低房间的一般照明。由于漫射光线能照亮天顶，使房间顶部高度看上去有所增加，因而能产生较高的空间感。

3）间接照明

间接照明方式是将光源遮蔽而产生间接光的照明方式，其中90%～100%的光线通过天棚或墙面反射作用于工作面，10%以下的光线则直接照射工作面。通常有两种处理方法：一是将不透明的灯罩装在灯泡的下部，光线射向其他物体上反射成间接光线；一种是把灯泡设

在灯槽内，再反射成间接光线。这种照明方式通常和其他照明方式配合使用，才能取得特殊的艺术效果，单独使用时，需避免不透明灯罩下部的浓重阴影。在珠宝店、服饰店等场所一般将其作为空间照明使用。

4）漫射照明

漫射照明方式是利用灯具的折射功能来控制眩光，将光线向四周扩散漫射，大体上有两种形式。一种是光线从灯罩上口射出经天花顶反射，两侧从半透明灯罩扩散，下部从格栅扩散。另一种是用半透明灯罩把光线全部封闭而产生漫射。这类照明光线性能柔和，让人感觉舒适。

（3）商业照明布局形式

1）基础照明

为整个商业空间提供基本的功能照明，一般采用泛光照明和间接照明的方式。基础照明的照度一般控制在比较低的水平，以便达到突出商品展示区的效果。

2）重点照明

合理的重点照明可以营造出多种对比效果，强调商品的形状、质地和颜色，提升商品的可见度和吸引力。重点照明往往具有明确的目的，多用于陈列柜和橱窗的照明，大部分采用直接式的照明方法，尽可能地突出展品。为了显示立体效果，常常采用射灯、聚光灯等聚光性强的照明工具，灯光的方向有所侧重（图4-2-37）。

> 图4-2-37　Georg珠宝店，对珠宝饰品常采用重点照明

3）环境照明

环境照明指通过营造舒适的光环境，表达空间的各种情绪，渲染空间的气氛和性格。设计时可以巧妙地运用泛光灯、霓虹灯和激光发生器等设施，营造出特殊的艺术效果。

（4）商业空间灯光照明设计原则

在照明设计过程中，我们应遵守以下几点原则。
① 商品展示区的照度需比顾客所在的区域的照度高，形成对比，突出展示区域的内容。
② 光源不裸露，以免造成眩光。

③ 根据不同商品的特性，选择不同的光源和光色，避免造成失真。

④ 贵重而易损商品的照明需要防止紫外线对展品的破坏。

⑤ 分层次设计。

4.2.5　声效氛围设计

环境声效设计主要是研究如何消除噪声或者是人们不愿听到的声音，使得环境的声音品质更优化等问题。它不是一个孤立的门类，而是与心理、生理、生物、医学、物理、音乐、工程、建筑及其他学科有着紧密的联系。尤其是在城市里，噪声等级正在随着人口密度的增大而加大，人为的噪声经常扰乱公共生活，于是便产生了越来越多的"噪声污染"。对于商业环境设计而言，了解一些基本的声效设计知识，形成基本的声效设计概念，在设计策划阶段就对此有所考虑，可避免设计创意的盲目性。

随着科技的发展，人们对商业空间环境的调控已成为现实。新的吸声、装饰材料以及装饰工艺的引入，对控制室内噪声起到了积极作用，可以避免噪声对工作人员和顾客的不良影响，确保其情绪、心理状态的稳定。同时，在商业环境内播放轻柔音乐或播放介绍本店服务特点、时令商品等的音频信息，可促使顾客欣赏乐曲和收听信息而降低谈话声调，以淡化店内的喧闹。

（1）空间声效设计的内容

① 合理选择空间的比例、容积，检查室形的合理性，避免音质缺陷。

② 反射面的设计。

③ 采取措施防止回声，检查直达声和反射声的时差和声强级差。

④ 设计恰当的混响时间，选择最佳混响时间，确定室内吸声量。

⑤ 妥当配置吸声材料。

（2）空间体形音质分析

1）剖面和顶棚

① 在一般情况下，应充分利用顶棚做反射面。

② 顶棚高度不宜过大，否则将增加反射距离以致产生回声，平顶只用于容积小的房间。

③ 折线形或者波浪形顶棚，声线可按设计要求反射到需要区域，扩散性好，声能分布均匀。

④ 圆拱形或球面形顶棚易产生聚焦，声能分布不匀，要慎重采用。

2）平面和侧墙

① 应注意发挥侧墙下部的反射作用，侧墙上部宜作吸声或扩散处理。

② 注意侧墙布置，避免声音沿边反射而达不到座区。

③ 侧墙的展开角在10°以内，矩形平面的宽度在20m以内时均较好。

3）后墙

① 平面曲率半径要大，以避免回声及聚焦，否则要作吸声或者扩散处理。

② 可利用墙的上部做反射面，以增加座区后部声强。

4）隔声门窗

① 单一结构门窗，其隔声量随门、窗质量加大而提高。

② 在板上紧贴一层阻尼材料，可降低共振，增大隔声量。

③ 门如采用空腔结构，可满填多孔吸声材料。

④ 门窗可以用双道、甚至三道以增加隔声量，双层窗的空气层一般为80～100mm。

⑤ 在不影响使用的前提下，尽量减少门窗的面积。

⑥ 门窗缝隙加以处理可以提高隔声量。

（3）商业空间音响的运用

音响是制造商场气氛的一项有效途径，它甚至可以影响消费者的情绪和营业员的工作态度。音响运用适当，可以达到优质效果，例如，音响的播放可吸引顾客注意商品；商场向顾客播放商品展销、优惠价出售信息，可引导顾客选购；音响可以营造特殊氛围，促进商品销售。

并不是商场内所有的声音都会对营业环境产生积极影响，也有一些噪声会影响购物氛围，如家电区音像部在试机时就可能产生较大噪声。为防止这类声音对其他营业空间形成干扰，可以运用隔音材料将声音阻隔。另外，柜台前的嘈杂声也可能使顾客感到厌烦，有些虽然可以采用消声、隔声设备，但也不能保证消除所有干扰声响，这时可以采用背景音乐缓解噪声。背景音乐要选择旋律轻柔舒缓的，以营造温馨的气氛，不要播放节奏强烈的打击乐等，以免影响顾客情绪，打乱售货员工作节奏。

4.2.6　陈设品配置

陈设品配置是施工接近完成阶段要进行的工作内容。陈设品的合理配置可以对商业空间意境的营造、气氛的渲染、形象的塑造起到举足轻重的作用，同时，陈设还可反映出文化特质、地域风情、民族气质和个人修养。

陈设可理解为排列、布置、安排、展示、摆放、陈列、设备等含义。现代意义的"陈设"与传统的"摆设"有相通之处，但前者的领域更加广阔，可以说一切环境空间中都有陈设艺术问题。大部分的商业空间陈设用品是外购的成品，少数是定做的。无论何种情况，都需要设计师依据方案的预期氛围和空间体验来选择和把握。有时，甚至利用陈设品配置来弥补既有方案的不足，以调整设计实施后的细节效果。

（1）商业空间陈设品类型

陈设品指用来美化或强化环境视觉效果、具有观赏价值或文化意义的物品。换一种角度而言，只有当一件物品既具有观赏价值、文化意义，又具备被摆设（或陈设、陈列）的观赏条件时，该物品才能称之为陈设品。就陈设品的概念而言，它包括室外陈设品和室内陈设品两类。但是近年来人们把室外的陈设品统称为"小品"，故通常提到的陈设品是指室内陈设品，属于软装设计的范畴。

商业空间陈设的种类很多，主要可从以下两方面进行分类。

1）按功能进行分类

从功能上可分为实用性陈设品和装饰性陈设品两大类。实用性陈设品指以使用功能为主，兼有观赏性的物品，如家具、灯具、隔断、窗帘等。装饰性陈设品指一般没有使用的功能，仅以欣赏为主的物品，如书画、雕塑、花瓶、植物等艺术品（图4-2-38）。

> 图4-2-38　植物、花瓶等装饰性陈设品

2）按所处部位进行分类

① 悬挂陈设。各种垂帘、帷幔、吊灯、风铃等都是常见的悬挂陈设物。垂帘、帷幔可以遮阳、调节光线、分隔空间，吊灯可以提供照明、形成视觉焦点、烘托环境气氛。需注意的是，悬挂陈设需要把握一定高度，应以不妨碍空间活动为原则（图4-2-39）。

> 图4-2-39　下垂布帘，既分隔空间又不影响售卖

② 墙面陈设。墙面陈设有绘画、书法、壁毯、浮雕、服饰、装饰挂件等。在位置上，要考虑恰当的悬挂高度及其与背景色的对比、协调。

③ 桌面陈设。桌面陈设主要有植物、灯饰、陶艺、插花等。桌面陈设摆放不宜过多，以免显得杂乱无章。

④ 落地陈设。地面陈设有雕塑、瓷器、落地灯等。地面陈设有划分空间、组织空间的作用，但对室内空间面积有一定要求，不宜太小（图4-2-40）。

⑤ 橱架陈设。橱架陈设具有展示和储物的功能。

> 图4-2-40　成都X-select服装店利用金属感材料的地面铺装及陈设，
　　　　　既有效划分了空间，又具有导向性

（2）商业空间陈设品配置的制约因素及原则

陈设品的选择应对商业室内空间的形象塑造、气氛渲染、风格展现等起到积极作用，并能表达一定的文化内涵和思想。在商业空间设计中，不管是选用哪种陈设，都要考虑其造型、风格、尺度、色彩、材质等方面是否与空间环境相适应。

1）商业空间陈设品配置的制约因素

① 陈设品的特性。对于实用性陈设品首先要考虑其实用性，其次是装饰性；对于纯装饰性的陈设品则主要考虑其在室内环境中的装饰效果。

② 陈设环境的特性。不同的商业空间在功能、气氛等方面的要求会不同。陈设品配置只有符合空间环境的特性，才能起到渲染气氛、美化环境的作用。

③ 使用者和投资方的喜好。不同的使用者和投资方因其职业、性格、喜好、文化素养等方面不同，对不同商业空间陈设品配置会有不同的要求。

④ 民族性和地域性的差异。各民族、地区的人们有各自的喜好和生活方式，因而陈设品配置方面应考虑其差异性。以灯具为例，日式餐厅灯具宜选用日式风格的灯笼，中餐厅宜选用有中国民族特色的宫灯。

商业空间陈设品配置除考虑以上四种因素外，也要考虑其放置位置的安全性等因素。

2）陈设品配置原则

① 遵守形式美法则。应根据不同类型空间的要求及空间形态的特征、形式美法则进行陈设品的配置。陈设品的风格、颜色和材质应与室内空间环境协调、统一。

② 满足功能要求。对于有使用功能的陈设物品既要考虑其功能的实用性，也要考虑较好的视觉效果。

（3）不同功能的商业空间的陈设品配置

1）橱窗陈设

近些年来商业综合体发展迅速，各种商场、卖场进入人们的生活圈。对于销售来讲，专卖店的橱窗设计是品牌给大众的第一印象。每季的卖点和新款都会在橱窗中展示出来。好的橱窗展示既可起到介绍商品、指导消费、促进销售的作用，又可以成为专卖店门前吸引行人的艺术装置。橱窗的陈设讲究平面和立面上相结合，并融入品牌创意、造型、色彩、材料、灯光、品牌文化等多种因素。

橱窗陈设主要是根据品牌的销售性质来设计，围绕当季新品进行主题搭配，凸显产品特点和传达设计理念。确定好主题后，可借由材质、灯光、道具、布景、照片、颜色等，组合出某种艺术风格、意识形态、历史还原、表演语言等，营造一种氛围，从而引起观看者的迷恋。常见的橱窗陈设品有灯具、自然花卉、艺术品、陈设展架等（图4-2-41）。

> 图4-2-41 主题各异的橱窗设计，陈设品营造的氛围烘托了产品

2）销售区陈设

在卖场中的专卖店内，销售区面积占比最大。除了展示新品和当季流行趋势的橱窗之外，销售区中的陈设也很重要。陈设品主要起到点缀作用，专卖店销售的产品性质虽然不同，但陈设品的配置都是为了烘托氛围、突出商品的存在感，因而在选择陈设品时要与销售商品的风格相搭配。根据风格来划分，陈设品的风格也分中式、欧式、美式、民族风等，在搭配时符合店内风格即可。

除了风格，陈设品的色彩、形状也会影响搭配效果。单一的陈设品很多时候无法营造空间氛围，需要多种陈设品的组合、对比。例如，服装店常用绿色植物、色彩多样的工艺品、艺术吊灯、极具设计感的展架、定制的整套家具等共同营造出空间需要的氛围（图4-2-42）。

> 图4-2-42　"龙卷风"是黑色的PVC管形成的空间漩涡，上面可以挂衣服

3）休息区陈设

完善的功能可使商业综合体更具人气，尤其是节假日，商场中的人流量更是猛增。从功能角度上讲，商场都会重点设计休息区供消费者休息使用，从而增加其停留时间。而休息区陈设主要是以形态各异的沙发、座椅组合而成，由于个性的外形，家具本身就属于一种极佳的陈设品。

例如迪奥女装专卖店利用金属和皮革等现代材料打造的休息区细致精巧，体现出迪奥品牌精致、优雅的设计感以及对完美的极致追求，凸显出独特的尊贵感（图4-2-43）。

> 图4-2-43　迪奥女装专卖店的休息区陈设

4）中庭陈设

由于中庭空间高大，在选择陈设品方面还是以轻便的装饰品为主，多由纤维制品、布艺、纸张、塑料等材料制成。除了垂直悬挂的陈设品之外，还有以中庭中心为摆放点的装饰品。商场属于公共空间，各类节假日成了中庭陈设的主题，春节、中秋节、六一儿童节、圣诞节、新年、店庆日都是常见的陈设题材。随着设计的发展，绿色设计也运用到商业空间之中。得益于商场中庭空间的大尺度，很多绿色植物被移植到室内。绿化陈设不仅起到分隔空间的作用，还能美化空间环境（图4-2-44）。

> 图4-2-44　商场利用陈设装置品突出圣诞节主题氛围

4.2.7　视觉导向设计

人类认识商业环境靠的是知觉，而在知觉所包含的视觉、听觉、味觉、触觉、嗅觉中，最为敏感的要数视觉和听觉。人类获取外界信息总量的87%是通过视觉来感知的。所以，视觉导向在环境导向设计中分量最重。

商业空间的导视系统是商业空间环境设计的重要内容，它的主要功能是对商业空间经营范围进行解释、说明、指示和引导。特别是对于大型商场和大型餐饮空间来讲，空间面积广阔，消费者较易迷失方向，此时设置具有"指路"功能的导视系统就显得尤为重要。视觉导向设计不仅具有指示和引导功能，同时也是消费者首先接触到的企业视觉形象，它不仅可以解决以往用平面功能分区图组织人员流动效果不佳等问题，而且也是企业文化的重要组成部分（图4-2-45、图4-2-46）。

> 图4-2-45　利用强烈的色彩对比、地面标识达到"指路"功能

> 图4-2-46　利用地面标识起到指示作用，使顾客能顺利到达目标地点

（1）视觉导向设计的功能

商业导向系统设计的功能不是单一的，而是需要建立起与企业文化相关的各种体验之间广泛的联系。另外，作为消息传播系统，还要在顾客与其接触的第一时间，快速而又准确地传达出信息。因此，导向系统的设计需简洁、鲜明、易懂。

（2）视觉导向设计的特征

1）连续性

商业空间导向系统是商家整体形象的一部分，是设计元素的具体应用，其色彩、标识字体、图形等设计元素应与整体形象保持一定的连续性（图4-2-47）。

> 图4-2-47　昇PARK文创产业园导视系统，标识形式、字体和色彩等设计元素具有连续性

2）复杂性

商业空间导向环境往往充斥着琳琅满目的商品及色彩绚丽的广告，导向系统要有效地传达信息，必须既要在环境中脱颖而出，又要融入环境中，成为环境的一部分。因此，商业空间导向系统的复杂程度远远大于其他单项导向系统（图4-2-48）。

3）适应性

导向系统的主要功能是导引方向，有效辅助环境动线，使空间内的人流有序可控，避免商业死角。但商业信息和商业空间等却常常需要调整或变化，因此导向系统的设计应具备一定的适应性。

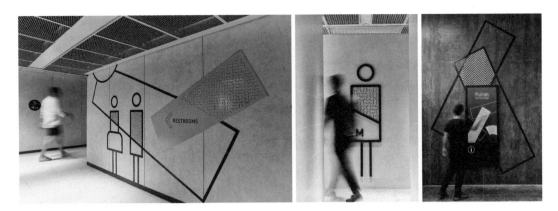

> 图4-2-48　商场利用具有创意性的视觉标识作为视觉导向，增强了企业文化氛围

（3）商业空间室内视觉导向设计的分类

按区域分类，商业空间室内视觉导向设计可分为商业环境内部导向、停车场导向。

1）商业环境内部导向

商业内部环境是人们聚集的中心和从事主要商业活动的场所。现代购物中心和商业街的快速发展，在丰富商业内容和带来便利的同时，也增加了顾客对环境认知的难度。集购物、娱乐、办公、观光等于一体的商业综合环境，常常呈现迷宫般的空间组合。因此，直接、快速、准确地到达自己所希望的目的地是相当一部分顾客的愿望。同时，消防也是重要的一项，在内部导向中要体现出来。

2）停车场导向

具体包括机动车及自行车车场引导、计程车等候区、车辆导行方向、停车场出入口、空位及满位标识、车辆行驶指南、收费处、高度限制、出入警告系统、车位牌号、行人注意告示等，另外还有后场货物入口和防灾用的禁烟、应急疏散通道等指引标识。

（4）视觉导向设计的设计流程

① 调研商业环境和布局，搜集需要的信息资料。

② 对购物人群进行定位和行为心理分析。

③ 分析企业文化和品牌形象，提取相关设计元素。

④ 规划商业导向系统原则，进行导向设计。

无论是由外而入，还是由内而出，商业环境导向系统均要做到指引的信息清晰易懂、一目了然。

4.3　商业店面设计的要素

商业空间店面设计主要以店面造型、色彩、灯光、材质等手段展示店面经营特色和质感，是商业空间设计的门户设计，在一定程度上是商业活动成功的保障。店面设计不仅仅包括店面门头设计，还要充分考虑到与周围环境的关系。

4.3.1 店面设计

现代店面设计是样式、形态、材料、色彩、文化、灯光的综合设计。高雅的、有特色的店面设计不但能够美化商店本身，而且可以丰富城市建筑空间环境，体现更深的文化内涵，使人们在优质的环境中陶冶情操。

（1）门头

商业空间设计中店面门头设计大多是标识性设计，简而言之，就是能准确地告诉顾客进入了什么样的商业空间。原则上，一般采用商品或企业标识、色彩、图形等统一元素进行设计（图4-3-1）。

1）设计内容

门头设计中以店面品牌形象标识为核心。形象标识主要包括文字（店名）、形象标志、商品标准色，应依照企业VI系统中的设计及使用规范进行应用。

2）设计方法

门头设计是商业建筑外观设计的重要组成部分，在很大程度上突出反映着商业建筑的特征和商业购物环境的气氛。因此门头设计要体现宣传商品的内容，引导出入，完善店面形象，提高品牌价值，通过富有个性的形象来满足消费者的精神需要。设计时应考虑以下两个方面。

① 具有宣传性。店面门头在强调入口所在位置的同时，起着识别建筑性质的作用，它使消费者可以感知店内的经营内容、性质，并且诱导人们的购物行为。不同的建筑由于其使用目的和性质不同，它们的外部形态也就相应地具有不同特性。店面门头是识别建筑类型和表明经营内容及特征的最强烈的视觉信号，能起到广而告之的作用。

② 体现精神文化。店面门头设计是高度装饰性艺术的体现，它显示了一种文化，体现了时代与品牌的文化特征，是时代文化、区域文化、民族文化和品牌文化的综合体。店面门头在强化入口主题之外，还应根据经营特色营造出浓郁的文化特征。

（2）入口

入口是介于建筑内部与外部的过渡空间，体现着店铺的经营性质与规模，显示出立面的个性和识别效果。入口设

> 图4-3-1　宝格丽曼谷旗舰店，门头设计色调统一，主题鲜明

计是一个品牌店的外在形象，也是品牌文化的视觉窗口。

1）设计内容

入口空间设计元素包括：店名、品牌LOGO、门的开启方式、门口的大小尺寸等。不同的店面，入口的设计风格与尺度各有不同。通过各种入口的造型能体现店面的特点，从而达到体现出不同装饰风格和吸引顾客的目的。

① 封闭型。封闭型店面入口尽可能小些，面向人行道的门面，用橱窗或有色玻璃将商店遮蔽起来，让顾客先在橱窗前品评陈列的商品，然后再进入商店。如珠宝、高级仪器、照相器材等商店，原则上采取封闭型，店铺外观豪华，以商店门面的结构形式取得信赖，使购买者有优越感（图4-3-2）。

② 半开型。经营高档商品的店面，由于不能随意地把过多的顾客引入店内，因此入口比封闭型店门大，从外面能看到商店内部，店门前的橱窗可以设置成倾斜型，引导顾客顺着参观橱窗的方向进入店内。百货商店和服装店一般可采用半开型入口（图4-3-3）。

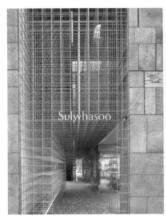

> 图4-3-2　韩国首尔江南区雪花秀旗舰店采用封闭型　　　> 图4-3-3　ZARA店铺橱窗造型
　　　　　　入口，起引导作用　　　　　　　　　　　　　　　　　　设计为倾斜型，半开型入口引导
　　　　　　　　　　　　　　　　　　　　　　　　　　　　　　　　　人们进入店铺

③ 敞开型。敞开型店门的入口全部敞开，不设橱窗，或设小面积橱窗，或设立小摊位出售商品。一般的简餐、奶茶、冷饮店多用此种类型门面，顾客从店外就能看到内部全貌，以方便其直奔想要购买的商品。此外，小型商店也多用此类型（图4-3-4）。

> 图4-3-4　阿姆斯特丹Gelderlandplein咖啡公司，商铺设置敞开型入口，店内设施一目了然，方便自由进出

2）设计方法

① 确定入口形式

根据店铺的位置，入口形式通常有两种：街边店面入口和商场内店面入口。街边店面一般在建筑建造成型时就完成了入口形式的设计，受到建筑立面风格的影响，后期改造的可能性小，对于这类店面入口设计，应因地制宜，在与建筑整体风格统一的前提下，延展店内的风格，以达到吸引消费者的目的。店中店大多数在大型商场内部空间设置，相对于街边店铺几乎不受建筑风格影响，在设计时根据商场的形象要求和规划标准，入口位置朝向相对固定。

根据空间形式，店面入口可分为平开式和内嵌式。平开式即空间设置的店面入口与橱窗在同一条线上，没有进深差异。内嵌式是入口与橱窗不在同一条线上，后退的开门与橱窗形成内嵌式的入口空间形式。

② 设计店铺入口的注意事项

a.考虑店铺营业面积、客流量、地理位置、商品特点及安全管理等因素。在店铺设置的顾客通道中，出入口是驱动消费流的动力泵。出入口设计要能使消费者顺畅地从入口走到出口，有序地浏览全场，不留死角。

b.参照店内面积的大小及品牌定位的高低，入口和橱窗展示空间比例分配要恰当。不同类型店面有不同入口设计，如通常快餐店入口及展示空间比例要求较大，咖啡馆则要求较小，大型商店有多个入口，要合理有序地组织循环客流和疏导人流，小型商店往往没有多大的展示空间可用，故入口多采用无框玻璃，用来展示产品。

c.入口设计多采用强调手法，即在整体造型协调、合乎行业经营惯例的前提下，给入口以足够的暗示，可以通过改变入口的方向、走势，改变色彩、装饰材料、水平尺度等方法来强化人们对于入口的注视，取得消费者心理的认同。

d.针对个人色彩浓厚或需要提供私密性服务的场所，入口处理需采用隐蔽或虚化处理。

e.细节设计，如入口地面或墙面的标志等，一些特别的设计往往都会获得特别的设计效果（图4-3-5）。

③ 入口设计的具体方法

入口的形态设计是通过形态风格的确定、建筑构件与符号的应用、入口造型材料的选择三个方面来实施的。

a.形态风格的确定。任何一个购物空间其入口与门头的造型设计应与建筑风格相配套。门头与整个建筑相比属于局部，局部应服从整体，脱离整体就会破坏整个建筑的形式美感，从而使商业形象受到破坏，影响经营效益。设计师在进行设计时，应把握形体之间的尺度关系，例如各细部造型之间的尺度关系，造型与整个商业建筑之间的尺度关系。在总体尺度关系适度协调的情况下，追求入

> 图4-3-5　宝姿上海旗舰店店面设计，玻璃砖组合灵活，视觉效果突出

口与门头设计的个性化、艺术化，创造出体现商场形象、吸引顾客视线、具有新奇感的造型（图4-3-6）。

> 图4-3-6 重庆SND时尚店

　　b.建筑构件与符号的应用。在某些入口与门头设计中，可以利用某种风格的建筑构件作装饰，使用重复排列、疏密对比等手法，使入口与门头的内涵和空间层次更加丰富；巧妙利用商业经营企业的标志、标准文字、企业专用色彩和形象符号等来构筑门头造型，强化商场的整体形象，突出商场的商业经营内涵；利用灯光照明的光影强化造型符号，营造造型的韵律美感，突出门头的视觉冲击力（图4-3-7、图4-3-8）。此外，与霓虹灯配合可增强入口与门头的色彩感与商业氛围。

> 图4-3-7 利用建筑构件和企业专用色彩来强化商场整体形象

> 图4-3-8 利用灯光强化入口，创意感强

c.入口造型材料的选择。在材料选择上，要注意材料质感的对比，使材料与购物空间、经营内容相协调，与艺术风格相匹配。同时，了解材料质感带给人们的不同心理感受，如石材给人以古朴与厚重的感觉，不锈钢给人以洁净、明亮的时代感，木材给人以温馨、亲切感，而有机透光材料则给人带来鲜艳、明快的视觉感受。

（3）橱窗

橱窗不仅是门面总体设计的组成部分，而且是商店的第一展厅。它以展示本店经营的商品为主，巧用布景道具，或以背景画面装饰为衬托，配以合适的灯光、色彩和文字说明，进行商品介绍和商品宣传。消费者在进入商店之前，都要有意无意地浏览橱窗，所以橱窗的设计与宣传会对消费者的购买情绪产生重要影响。

1）设计内容

橱窗的布置方式多种多样，主要有以下几种。

① 综合式。综合式橱窗布置是指将许多不同类型的商品综合陈列在一个橱窗内，以组成一个完整的橱窗展示。这种橱窗设计由于商品之间差异较大，设计需合理处理。其可分为横向橱窗布置、纵向橱窗布置、单元橱窗布置等。

② 系统式。大中型店铺橱窗面积较大，商品可以按照类别、性能、材料、用途等，分别组合陈列在一个橱窗内。

③ 专题式。专题式橱窗布置是以一个广告专题为中心，围绕某一个特定的主题，组织不同类型的商品进行陈列，向大众传输一个诉求。具体有如下方式。

节日陈列——以庆祝某一节日为主题组成节日橱窗专题（图4-3-9、图4-3-10）；

事件陈列——以社会上某项活动为主题，将关联商品组合起来；

场景陈列——根据商品用途，在橱窗中把有关联性的多种商品设置成特定场景，以诱发顾客的购买行为。

④ 特定式。特定式橱窗布置是指用不同的艺术形式和处理方法，在一个橱窗内集中介绍某一产品（图4-3-11）。

> 图4-3-9　Delvaux Valentine橱窗，在情人节系列橱窗中设计了一个梦幻的场景

> 图4-3-10 DIESEL（Galerie Lafayette）店铺橱窗以心形为主要造型，运用各种方式体现情人节的主题

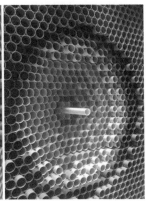

> 图4-3-11 波兰TCHIBO零售店的橱窗设计

橱窗以钟表为展示主题，非常有创意地用纸管建立起一个基本框架，然后将电子表嵌套进纸管做出钟表的构架，并营造出层次感。在不同色彩的LED灯光作用下，整个窗口呈现出一个巨大的钟表，钟表中又有无数的小电子表，既醒目又有创意

⑤ 季节式。季节式橱窗陈列根据季节变化把应季商品集中进行陈列，用于扩大销售量。这种手法满足了顾客应季购买的心理特点（图4-3-12）。

> 图4-3-12 以樱花为设计灵感，樱花树延伸到橱窗外，展现出春意盎然之景

2）设计方法

① 橱窗设计的注意事项

橱窗是店面的重要组成部分，它处在商品宣传、销售的终端环节，是当今世界广为采用

的立体广告形式。现代的橱窗展示艺术是多元化的，可以是平面的，也可以是媒体影像，无论何种表现形式，都应以展现品牌定位、获取目标人群的关注和认同为设计的出发点。因此橱窗设计应注意以下几点。

a.突出商品的特性，使橱窗设计符合消费者的行为心理，令消费者产生美感、舒适感。良好的橱窗设计既能起到介绍商品、引导消费的作用，又能成为商店门前吸引过往行人的佳作。

b.保证商品的安全性，考虑防尘、防寒、防盗、防晒、防雾等因素。

c.橱窗设计往往与入口设计紧密相连，需要结合在一起考虑。设计橱窗时要考虑顾客的视觉中心，色彩、灯光的处理以及空间的合理运用，使橱窗内部设计风格与店面整体设计风格有机统一起来。

② 橱窗设计的原则

商业橱窗设计作为最具实效的商品展示，借助顾客的色彩识别、喜好规律，营造提醒式购物模式，唤起顾客的购买欲望，由此传达产品所体现的动感、质感、美感，使顾客的购买行为充满快乐体验，为商品销售和商家形象带来巨大价值，在设计中应注意以下原则。

a.内容性。橱窗展示设计的内容性指橱窗展示设计的主题。不同的主题决定了不同的设计表现技法。在橱窗内容设计中，应以准确的设计定位、典型的艺术设计形式实现人们视觉与心理上对美的诉求（图4-3-13）。

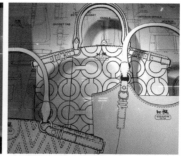

> 图4-3-13　Coach 橱窗定位准确，展品内容一目了然

> 图4-3-14　Aime Patisserie上海旗舰店，
橱窗造型独特，艺术感强

b.艺术性。具有艺术性的橱窗能够直接展现卖场的魅力。在橱窗展示设计中可以通过色彩、背景图案、空间构成、灯光、展示材料等有序的设计形式给整个卖场以强烈的视觉冲击力，突出重点产品。如全新品牌Aime Patisserie店铺落户上海，选择了在淮海路的一片小台阶上建立旗舰店。设计概念来自拆开Aime Patisserie包装盒的独特体验：捧着精美的盒子，一层层地打开透亮的半圆形包装纸，这揭示的过程让色彩缤纷的马卡龙更

加吸引人。设计师把这种乐趣呈现在店铺的设计中，店铺招牌的平面设计和橱窗的立体屏风设计，分别用四层半圆的图案去吸引路上行人，使其带着好奇心入内体验探索（图4-3-14）。

c.立体性。立体性是指橱窗的陈列面通过设计处理，具有一定的空间深度。可以运用不同的陈列用品，采用宽窄侧挂钩、长短正面挂钩相结合的方式，使整个陈列面具有空间立体感；也可以采用直接的空间分割法，使陈列面具有深浅错落的效果（图4-3-15）。

d.多样性。陈列的整体效果应力求多样化，以使消费者在获得丰富的、趣味性的视觉享受后，产生购买欲望。通常通过合理布置在色彩搭配、空间分割等方面获得陈列效果的多样性。

e.时尚性。橱窗展示的时尚性是指设计的形式符合商品的气质与品质，并能积极地追随时尚的元素，确保设计的时代性，并能引领时代潮流，符合同时代的社会需求（图4-3-16）。

> 图4-3-15　布达佩斯水族馆的概念橱窗设计

3）橱窗设计的表现手法

橱窗设计的表现手法大致可分为以下几种。

① 直接展示。直接展示指道具、背景减少到最低程度，让商品自己说话的表现手法。运用陈列技巧，通过对商品的折、拉、叠、挂、堆，充分展现商品自身的形态、质地、色彩、样式等。

② 寓意与联想。寓意与联想可以运用部分象形形式，以某一环境、某一情节、某一物件、某一图形、某一人物的形态与情态，唤起消费者的种种联想，产生心灵上的某种沟通与共鸣，以表现商品的各种特性。

> 图4-3-16　Paul Smith's Cast-Iron Fronted Store 的橱窗是一道暗门，打开暗门即变为橱窗，设计感强

③ 系列表现。橱窗的系列化表现也是一种常见的橱窗广告形式，主要用于同一品牌、同一生产厂家的商品陈列，能起到延续和加强视觉形象的作用。设计时，可以通过表现手法、

道具、形态和色彩的某种一致性来达到系列效果，也可以在每个橱窗广告中保留某一固定的形态或色彩，作为标志性的信号道具。

（4）立面

商店立面决定店面的设计风格，并在一定程度上隐含商业内部空间的风格特征，较能体现出企业或商品的空间特征。在设计形式上，立面应体现以下几点特征。

1）构成性

商业店面立面在构成性上主要考虑形状、色彩、空间分割等因素。在形状的构成上可以借鉴现代的艺术形式，以新颖、独特的设计形式实现设计的目的。在色彩选择上，可以以夸张、醒目、鲜艳的色彩实现与众不同的视觉效果（图4-3-17）。

> 图4-3-17 用几何形体分割立面，用曲线破除呆板的立面造型

2）材质性

在立面设计上，良好的材质不仅可以沟通室外和室内的空间，并在视觉的引导下使人产生积极的思维活动，如玻璃等透明材质的应用，可以有效地实现空间之间的连续，而自然材质的选择会体现出空间的亲和力（图4-3-18）。

3）时尚性

时尚性是商业空间的重要特性，所以商业的立面设计也应折射出时尚的元素。时尚性的表达应能符合商品的气质特征，并在时尚元素的构造中糅加其他相关元素，以避免设计的肤浅性和庸俗化（图4-3-19）。

在本土设计领域，我们可以采用与国际化、全球化语言充分结合的设计模式，实现别具一格的时尚性设计。

4）主题性

商店立面的"主题性"设计即以典型的设计语言区分商店的功能与特性。如儿童商店在主题的表达上区别于其他的商业空间；茶楼与咖啡店的设计主题应能体现出一定的东西方文化差异；东西方品牌的设计主题应能表达出商品的地域差异；等等（图4-3-20）。

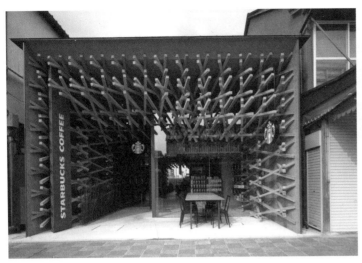

> 图4-3-18 日本福冈星巴克店面入口采用木质材料，同时造型流线起到引导作用，增强了空间的连续性

> 图4-3-19 Saul Zona 14立面运用个性化橱窗，增强立面的时尚性

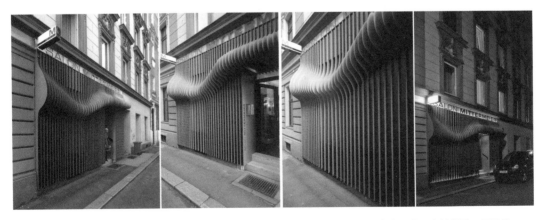

> 图4-3-20 理发店立面设计，立面造型模仿头发造型的弧度，立面主题突出明确，店铺类型一目了然

4.3.2　周围环境设计

店面周围环境设计主要从设计整体要求出发，通过对店面周遭环境的细节设计，强化商业店面设计的艺术美，营造具有主体关怀的空间环境，加强商业空间与人们的沟通，在美化"心理空间"的同时，间接达到实现商业活动的目的。另外，通常通过添加景致、灯光等形式，可以实现绿化、亮化、人性化甚至艺术化的设计。

建筑周围的地形地貌、道路模式、空间环境、气候风向等一系列环境因素，也是影响入口与门头设计的因素之一。不论店面是在室内还是室外，都要受到周围环境对其的影响：一方面，店面要从纷乱的环境中凸显出来；另一方面，它还要融入商业环境大氛围。因此在设计店面时要先分析周边环境特点。

首先，在有高差的地形中，建筑依势而建，其入口也应立体布置成多个入口，以利人、车的出入。

其次，在城市中紧邻街道而建的大型建筑，必定要远离规划红线，使入口处留出充分的空地作为缓冲空间使用，或将入口门头设计为内凹型。

再次，气候与风向是考虑入口是否要增加遮蔽构件的因素。处于热带的建筑，其入口常设计成白色且宽大深远的门洞，这是出于反射日光、通风遮阴的需要。而北方建筑入口常采用双道门，并施以深色，这是出于对保暖避风的考虑。

最后，在纷乱的商业街，视觉元素多而乱，较大的店面由于体量上的优势，店面造型相对灵活，无论是单一的造型还是复杂造型，或多或少都会引起顾客的注意，但是较小的店面就需要"孤注一掷"，做到"极端"，才会容易引起顾客的注意。较小的店面如果像大店面一样面面俱到，往往由于体量较小，视觉分散后，就会陷在纷乱的环境中无法凸显出来。如果能利用有限的体量，突出一种造型语言，反而更容易从环境中跳出来。

综上所述，商业空间设计中，设计师要对具体的地理环境、交通条件、客源特征、社会需求状况等情况进行大量的市场调研，结合社会文化状况和自身品牌定位，提出合理而有特色的设计方案。有了明确的定位后，才能进行商业空间的总体构思设计。在此过程中，设计师不仅要关心造型问题，还应结合商家经营策略和设计要求，融入自己创造性的领悟和发现，提出多种可行方案。

课题思考

1. 商业空间设计中，导视系统的作用有哪些？

2. 商业空间的照明设计主要有哪些注意事项？

3. 请思考分析材料选配、色彩设计在商业空间中的情感化表达。

4. 陈设品等配置对营造商业氛围有何主导作用？

5

商业空间的设计程序

商业空间的设计实践涉及多门学科的专业知识和技能，作为一名设计师需要具备较为全面的专业素养，以及丰富的设计实践积累。商业空间设计程序一般包括商业空间方案设计、装修施工图设计两个阶段。

商业空间方案设计是从商业空间解析到设计概念立意、从设计概念到空间形态形成以及设计图样表达的全过程。其基本构思过程：空间解析→功能组织→立意构思→细部构思→整体完善，具体包括设计调研和场地分析、消费者定位、品牌定位、设计概念生成、深化设计、方案表达、细部构思与陈设配置等。

设计师经过长期的设计实践总结出一套商业空间设计程序，具有一定的科学性和规范性。项目设计按照设计程序进行，可为后期工作顺利进行提供依据和指导。同时，可以加强和完善工程项目各方面的相互合作，确保设计工作的质量和效率，最终完成一项较合理的商业空间方案设计。本章将以实际案例——广州K11购物中心设计为例，分析商业空间设计的具体程序。

5.1　设计调研

商业空间设计是涉及面较广的空间艺术创作过程，有明确的目的性，其最主要的目的是追求最大的经营效益。项目在设计前，需要对所涉及的商业空间场地、消费者、品牌定位进行充分调研，分析其空间构成及环境设施现状，了解市场需求、周边群众的消费心理等内容。另外，还要对已经建成使用的相关项目案例有所了解，从装饰材料、装饰配件、商业家具、灯光照明、消防疏散设施等方面进行调查研究，留意观察其采用的新材料和新产品，把握商业空间展示的时代潮流。

5.1.1　场地分析

商业空间展示项目场地分析在商业发展战略中是一个重要环节，需从商圈地理分析入手，综合自然地理、人文地理各因素，以确定商业空间展示设计的最终定位。

（1）空间场地初步分析

① 可达性分析。指的是周边交通关系，即交通便捷程度，以大致确定商圈的范围。这主要取决于购物者从起点到购物地点的距离、时间和费用。分析时，详细列出各种交通情况的趋势，通过人流量得出限制下一步设计的一些因素，诸如行人和汽车、停车场、避让要素（高速公路和轻轨的噪声回避等）、初级和次级入口等。要注意，可达性不仅依据交通空间距离，还有不同交通工具所需的时间距离。总之，要将设计范围放在其周边的区域关系内对设计场地进行定位分析。

广州K11购物艺术中心位于广州市珠江新城CBD商圈，建筑面积7万 m^2，定位为商旅文聚集地,是以自然、艺术为主题的休闲购物中心。K11位于主城区,区位条件优越,人口密集,消费需求旺盛,消费能力强。项目四面临街,位于地铁5号线和APM线换乘站花城大道地铁站出口附近,B2层还有通向珠江新城站的专门通道,交通优势显著(图5-1-1)。

> 图5-1-1　广州K11购物中心的交通分析

②相邻竞争者分析。在确定项目在整体区域中的定位后,分析周围土地性质,确定其他类似项目的分布情况、围绕半径、服务范围和服务群体,更重要的是为下一步确定项目的构成找到依据。一方面,在同一商圈中应尽量避免"同质化"竞争,积极占领细分市场,形成特色经营;另一方面,并入同类专业商圈,产生"规模效应"。

广州K11购物中心所在区域多聚集世界500强企业,商业发展快速。项目3公里范围内覆盖珠江新城商圈和天河商圈,大中型购物中心总体量超170万平方米,包括太古汇、正佳广场等代表性商业体(图5-1-2)。购物中心以"艺术、工作、社区"为设计理念,刺激商业创新,以避免商业综合体的"同质化",为消费者营造与众不同的

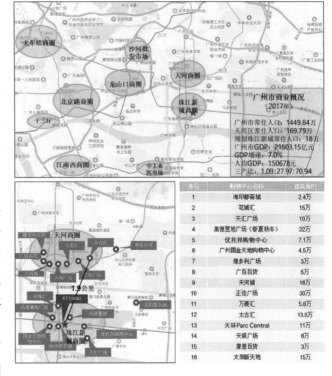

> 图5-1-2　广州K11购物中心的相邻竞争者分析

有"博物馆零售"氛围的购物体验,其与周大福金融中心的K11 Office相连,周边配以六星级玫瑰酒店,形成集办公、娱乐、生活于一体的高端"社区式"购物中心。

(2)商业空间的实地调查和研究

对即将设计的商业空间进行现场调研分析,通过这一过程可获得项目现场的一手资料。后期的设计工作将以现场的调研信息作为基本设计依据,换句话说,前期的调查研究会直接影响项目进展,设计方案的创作灵感也会由此诞生。进行项目实地调查和研究,应侧重于以下几个方面。

> 图 5-1-3　关于广州 K11 的地域调查

① 商业空间的地理环境，包括地形、地质、地貌等。

② 商业空间的气候条件，包括温度、气压、日照、湿度、降水等。

③ 商业空间领域的人文因素，包括当地历史文化、生活习俗、消费水平等。

④ 商业空间中的空间规模，包括规划区域、建筑高度、开间进深等。

⑤ 商业空间的交通状况，包括车辆类型、信号设置、道路设置、人行道设置等。

⑥ 商业周边配套设施，包括商业设施、公共设施等。

广州位于珠江三角洲中北缘，以丘陵为主，受地域条件和高温、高湿、多雨的亚热带季风海洋性气候影响，形成了典型的海洋文化：热爱生活，敢闯敢干，具有先锋意识和开拓精神。广州被称为中国的"南大门"，经济发展迅速，开放的贸易环境使其社会文化更加多元和包容，既现代又传统。本项目所在地一方面有着丰富的自然美景且历史建筑众多，形成了建筑融入自然的独特风貌；另一方面，其所在的天河区具有高楼林立、繁荣自由的现代都市景象。在娱乐生活方面，广州受岭南文化影响，形成的特有的岭南风味，戏曲文化以粤剧为主（图 5-1-3）。K11 购物中心致力探索商业与艺术、人文、自然三大元素的融合，努力突出地域特色，引领商业文化潮流，集艺术、娱乐、餐饮于一体，为消费者提供高端商业服务体验感受。

（3）商业空间的场地市场调查和研究

在现场实地勘察阶段之后就是市场调查阶段，此阶段也可以与现场勘察同时进行。市场调查和研究的具体对象是商业空间规划项目周围的社会因素和文化因素，具体包括 4 个方面。

① 明确商业空间的功能定位，这将决定商业空间的实力。

② 为了避免设计的雷同和重复，在商业空间规划的环境中展开对商业空间的调研，包括社会评价、商业条件、空间布局、设计风格、路线规划、消费类型和公共设施等。

③ 针对商业空间规划的民族因素、地理环境、区域文化因素等展开相应的研究，以便将

当地文化特征融入商业空间规划设计中。

④ 对消费者的心理感受、需求及行为模式等展开市场调查，使商业空间规划的消费水平可以满足当地民众的功能需求、精神需求和心理需求，满足其消费心态及消费感受。

场地的分析除了要对周边环境进行调研分析外，还要对设计空间具体所在的建筑进行勘察。准确的设计定位源于设计者对场地、消费者与商品特征的详细调研。深入了解商业建筑的内部空间构成、即将营销商品的品牌特征、企业文化内涵、商品品质及其与目标消费者和区位特征的匹配度，是使商业空间环境设计实现人、商品与环境有机统一的基础。

5.1.2　商业空间的消费者分析

消费者是商业活动的中心与第一推动力，消费者的需求变化规律指引着商业环境主题的不断变化与发展。可以预见的是，消费者的个性需求会吸引更多的经济力量，而对于消费者心理满足的关注正渗透到商业空间设计的方方面面。下面从消费者的年龄、性别、区域、购买动机四方面对其进行分析。

（1）不同年龄人群的消费行为分析

① 青年人。青年人一般时间和精力都比较充沛，对世界充满探索与尝试的欲望，购物、观看、饮食、娱乐、体验和交往都是他们感兴趣的。他们在商业空间中的活动和参与愿望丰富而强烈（图5-1-4）。

> 图5-1-4　年轻人喜爱的商业空间

② 中年人。中年人一般工作和家庭负担较重，时间或精力有限，对参与性的娱乐、交往、体验等活动的兴趣较少。他们在商业空间中的活动以实用性为主，包括购物、饮食和参加一些旁观性质的娱乐活动等（图5-1-5）。

> 图5-1-5 中年人喜爱的商业空间

③ 老年人。老年人一般处于退休状态，失去了工作所必需的社会交往，往往感到比较寂寞。为了消磨时间、消除孤独感，他们常喜欢到比较热闹但又不过于喧闹的场所，找同伴们一起棋牌、聊天等；也喜欢闲坐，欣赏人与风景，享受生活。老年人在商业空间中的活动主要以休息、感受和交往为主，伴以少量的消费活动。

（2）男女消费方式和消费心理分析

① 女性消费的计划性与目的性比男性差。女性在前往商业场所前，往往没有明确的消费目标和计划，在闲逛的过程中如果发现消费目标，或感到消费诱惑，便可能产生消费愿望。男性则相反，往往具有明确的消费目标和计划，在购物过程中很少受计划外消费的诱惑。

② 女性的消费决策比男性犹豫。通常，女性在购物时喜欢仔细挑选，反复比较后，才下决心购买。男性则只要觉得商品的质量和服务令其满意，通常不会对其他商品或商店进行过多的比较，购买决定做出得比较快。

③ 女性喜欢结伴而行。调查显示，在商业空间中结伴同行的以女性为主，如姐妹、母女、朋友、夫妻、情侣等，其中两人同行的比例占72%，3人结伴的占21%，4人及以上的仅占7%。可见，两人结伴是最常见的。

（3）不同居住地人群的消费行为分析

居住在商业设施附近的人们，光顾商店的时间一般较短，而且目的和周期都具有随机性。随着居住区域与商业设施距离的增加，人们光顾该设施的周期会延长，目的性也会增强。如果商业设施有足够的吸引力，在其中逗留的时间常会相对增加。郊区居民进入市区商业设施购物、闲逛的时间更长。如果商业设施具有足够的吸引力，人们又具有一定购买力的话，在其中逗留的时间会更长。大多数消费者会在商业场所进行购物、餐饮、娱乐等各类休闲活动。外地人到商业设施除感受当地经济消费水平外，也许更注重感受地域习俗。

（4）不同购买动机的消费者类型分析

购买动机是消费者为满足需求而消费的意图。外界的刺激，如商品美观的外形、优良的品质、精美的包装以及舒适的购物环境等，都是诱导消费者购买动机的重要因素。调查表明，具有良好的服务条件和空间环境的商场，其经济效益明显高于其他商场。从购买动机来看，消费者大体分为以下几种类型。

①"求实"型消费者。求实动机的核心是"实用"和"实惠"。这类消费者购买商品比较保守，注重传统和经验，不易受广告等外在因素的影响，看重商品本身的性价比（图5-1-6）。

> 图5-1-6　"求实"型商业空间

②"求新"型消费者。求新动机的核心是重视商品新颖程度，讲究美感，商品广告和环境氛围对他们影响较大。这类消费者通常喜欢时尚新潮，以女性和文化界人士居多（图5-1-7）。

> 图5-1-7　"求新"型商业空间

③"癖好"型消费者。癖好动机的核心是"嗜好"。这类消费者的购买行为指向更稳定和集中，具有有规律和持续的特点。通常他们对购物环境要求也比较高（图5-1-8）。

> 图5-1-8　"癖好"型商业空间

商业建筑内部空间设计的重点，就是要激发消费者的"犀利动机"。设计师深入了解消费者的购买动机后，通过购物环境设计，有效激发消费者的购买欲望，从而促进销售。从空间的处理到内部装修以及商品陈列、柜台摆放等都需要精心设计，这也是实体商业销售空间相对于网络购物的优势所在，特别是对于高档商品，人们往往热衷于在实体店中购买。

5.1.3　商业空间的品牌定位

随着审美标准和服务需求的增强，简单的买卖行为不再是人们商业活动的唯一目的，休闲、体验等心理感受越来越被关注。随着商业竞争的日益激烈，各种营销策略成为刺激和吸引消费者的重要手段。除提供更舒适的服务及休闲设施外，对商品品牌的关注越来越受消费者的重视。

（1）商品品牌体现企业文化内涵

现代商业空间设计在一定程度上与品牌定位、空间环境相辅相成。商品品牌的定位取决于消费者与消费方式，此外还应考虑地域及选址。如临近大学生公寓与临近高档社区的服装店，在装饰风格、品味等方面会有较大差异。另外，特定的商品还会自发形成某种商品的亚文化，从而形成消费亚文化群体，满足不同层次的精神需求。

品牌的定位决定了商业空间的定位，一个完整的可持续发展的商业空间不仅要在品牌上找准定位，也需要进行周期性的品牌定位及创新。品牌定位要跟随市场经营状况的变化而适时进行战略调整，以确保品牌更贴近消费者，更贴近市场。

目前，随着市场经济的日益完善，商场企业之间的竞争将更多地表现为品牌文化的竞争。商场品牌的核心是注重文化内涵，创造自身特色。本章提及的项目——K11购物中心是香港新世界发展有限公司创立的高品质商业品牌，注重将艺术、人文、自然三大元素与商业销售融合，形成了艺术、生态与零售商业相融合的模式，目前已入驻全国8个城市，是世界上第一家博物馆式零售店。新世界发展有限公司位居香港地产前四位，其兴建的"香港会议展览中心"是目前香港最大、最有特色的商业服务中心之一。

（2）品牌定位下的功能性特征

商业空间设计为了符合品牌定位，一般要体现四个功能性特征：展示性、服务性、艺术性及科技性。

① 展示性。Nendo新作——拥有13个独特主题的零售空间暹罗探索中心（Siam Discovery）。该项目是利用特殊展示设计方式吸引消费者的经典案例之一，其位于泰国曼谷，属于大型零售综合体。

由于零售空间混合了购物中心和百货商店，Nendo设计团队在进行环境设计时不只是设计公共使用区域，也对自营的零售空间进行了精心设计。商场的内部以"生活实验室"为主题来组织游客的购物体验。在销售区域内13个不同的位置设计了不同主题，包括实验室装置，如烧杯、烧瓶、试管、分子结构图、核苷酸DNA序列、显微镜与变形虫、烟雾和泡沫等（图5-1-9）。

> 图5-1-9　不同主题的销售区域

此外，公共区域和零售空间的地板和天花板相互呼应，给人一种将不同的材料揉在一起的印象。通过这种方式，他们创造了一个令人感觉轻松和自由的氛围（图5-1-10）。

> 图5-1-10　地板与天花板相呼应

② 服务性。天津融创星耀五洲是融汇文化、艺术、生活时尚与科技的新型商业社区，力求通过话题性、体验性、跨界性的场景革命，重构人与商业活动的关系，创造愉悦美好的生活方式。其中的社区形象馆专门为女性提供美发、美甲、护理、SPA等全方位服务。鉴于形象工作室的专业性、针对性，设计师从女性裙摆提取灵感，将整个立体空间打造成折叠的裙摆造型，不仅传递出女性化的风格倾向，也极大增强了场景、体验和艺术氛围，给人以"曲径通幽"的感受，而且有效地进行流动式功能划分，避免了服务冲突，实现了开放区业态的融合（图5-1-11）。

> 图5-1-11　以裙摆为原型的社区形象馆

③ 艺术性。随着消费者审美的提高，将时尚的艺术融入商业空间的创意设计是必然趋势。如进驻西单老佛爷百货的钟书阁，将中国古典园林步异景移的艺术手法与阅读空间相结合，打造出行云流水的空间布局，利用镜面折射及透视关系创造视错觉体验，圆形拱洞层层嵌套，极具幻妙之感。拱洞除具有空间连接作用外，还被设计成摆书台，甚至休息榻，为符号化的拱门赋予功能和美学双重意义。书店的文创论坛区利用极简的木枝来代替竹林，木枝中间设置图书陈列或海报展位，将读者的行动路径进行重新分解，置身其中仿佛漫步竹林，给人以极其微妙的艺术体验（图5-1-12）。

> 图5-1-12　西单老佛爷百货的钟书阁

④ 科技性：甜品品牌NUDAKE位于中国首家"未来零售空间"上海HAUS，被称为艺术实验室，其运用现代科技手段增强空间环境的时代感和科技感，装饰物及画面的科技元素皆体现出科技性。

NUDAKE的设计构想将其标志性甜品Peak蛋糕中细腻的奶油比作黄浦江的支流，滋养着奇幻草原上的自由马群，该空间运用现代科技，在"实验室"中央设置巨型机械探测器"THE PROBE"和未完成的"HORSE（马厩）"的机械生命体，从视听、味蕾、嗅觉上给体验者带来综合感官的交互感受与情感体验（图5-1-13）。

在商业空间品牌的定位上，必须对品牌进行分析，挖掘品牌形象的个性和核心价值，使空间设计作为企业形象的有效延伸，既最大化利用空间的价值，又保持品牌传播的统一性和连续性。另外，VR多媒体智能技术应用可以营造动态与静态、现实与虚拟一体化的空间环境，形成视觉冲击，使品牌与消费者产生情感共鸣，有效促进销售。

> 图5-1-13　上海 HAUS 的 NUDAKE 店面

5.2　概念设计

设计师借助空间营造商业氛围，通过提炼升华某些特殊设计元素，对商业空间形成初步的设计意向，称为概念设计。概念设计是空间设计方案的雏形，是设计思维落实到纸面的关键环节。

5.2.1　主题概念生成

在概念设计之初，设计师需要明确消费者对商业建筑空间及其环境的要求，掌握设计要点。

（1）概念设计要点

① 尊重使用功能要求。建筑形态设计不能脱离商业建筑的使用功能，或造成使用时不便。使用功能常涉及满足商业经营和顾客活动等多个方面，设计师不应仅关注形态设计的主观因素而牺牲功能要求，如过高的台阶会造成顾客行动不便、气派的开敞空间易造成能源过度消耗等。

② 尊重环境特征。包括建筑所在地区的气候、文化等多种因素，如北方地区冬季气候寒冷，从保温节能的角度看，不宜采用大面积玻璃墙面；南方地区夏季气候炎热，建筑空间通透灵活，宜加强通风；新建建筑应注意与历史街区原有建筑相协调；等等。我国南方传统骑楼式民居建筑充分结合南方地区的气候特点，为我们提供了良好的范例。

③ 充分表达商业空间的性格特征。商业空间的服务对象是广大消费者，具有强烈的民众氛围。设计时常用合理的、科学的、合乎逻辑的表达方式，使商业空间与环境有机结合，以符合一般审美规律，避免不必要的装饰和渲染。

④ 尊重经济指标。不同建筑有着不同的经济指标与投资预算，虽然商业建筑要求突出表现个性特征，建筑空间趋向于功能复合的形态，但在实际工程设计中，我们必须考虑建筑的实际经济指标与投资预算，否则设计方案只会成为空中楼阁。

⑤ 注重新技术、新材料、新方法、新手段的运用和表现。随着科学技术的飞速发展，新

技术、新材料不断出现，传统的设计手法正在发生转变，商业空间设计也随之变化。

（2）确定主题，生成概念

在商业空间设计的过程中，务必要考虑到消费者身处其中所产生的内在感受。设计概念应围绕核心主题展开设计构思，将前期概念性的抽象元素转化为具体的符号形态，同时，丰富的创意性空间立体化结构，能够为商业空间设计注入更多的内涵与活力。要在运用多种元素装饰的同时保留建筑构造的艺术美感，为消费者带来美好的视觉冲击和艺术氛围。

广州北靠越秀山、白云山，南面珠江直通入海，"云山珠水"的山水造就了广州独特的城市格局。以城市建筑结合自然景观为理念，将寺庙、公园等景观引入城市休闲娱乐场所，模糊了街道的边缘，创造出浪漫的商业氛围。K11广州购物中心的设计灵感来源于此，以永恒的菩提树和拥有菩提树的寺庙等为主要设计元素，融合了白云山脉和蜿蜒珠江的精神寓意（图5-2-1），将城市风貌融入购物中心的空间设计，以媒介形成珠江步道、榕树通道、自然画廊、岭南门户等单元，创作出具有丰富地域特色的商业空间装饰风格（图5-2-2）。

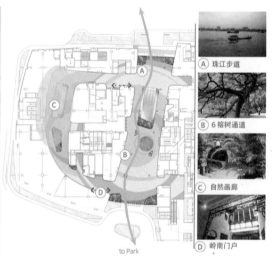

> 图5-2-1　K11广州购物中心的设计灵感来源　　　> 图5-2-2　元素在场景中的应用

商业空间设计需要考虑民众身临其境的感受。空间具有相对和绝对两重性，一个空间的大小、形状由其围护物和其自身所具有的功能形式决定，同时该空间也决定着围护物的形式。"埏埴以为器，当其无，有器之用。凿户牖以为室，当其无，有室之用。故有之以为利，无之以为用。"商场空间的布局和形态会直接影响消费者的购买欲望，舒适浪漫、多元复合的商业空间形态越来越被推崇。

5.2.2　深化设计

深化设计阶段基于前期调研和概念设计，在关注整体空间色彩、照明、材料等设计的同时，进一步完善具体空间划分、交通流线、家具陈设、展示道具、地面铺装、顶棚造型等细节设计。在商业空间设计中，需依据场地现状最大限度地利用有效空间，创造最大的实际价值。

在空间划分中，作为充分满足购物者消费需求的场所，广州 K11 购物中心的每一层的设计都

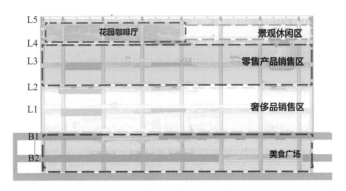

> 图5-2-3　K11广州购物中心空间分区图

有不同的主题。L1和L2是琳琅满目的奢侈品零售店，精致优雅的室内装饰，为顾客提供无与伦比的购物体验。L3和L4以青春活力为主题，以时尚风格和现代饰面为特色，环境营造与时尚零售产品相呼应，展现出富有活力的生活方式。L5是休闲空间，花园咖啡厅的绿色墙壁和郁郁葱葱的景观营造出轻松的聚会氛围，使其成为美好的休闲乐园。顾客在此休整，继续迎接广州 K11 更多的刺激享受。B1和B2是美食的聚集地，从带有悦榕庄特色的售货亭的主入口到美食街和美食广场区域，皆为顾客提供了享受社交活动的独特空间（图5-2-3）。

在交通流线设计上，设置观光直梯、自动扶梯和楼梯，连接各层楼面。商业空间布局清晰，主干道明确、流畅、宽广，导向性很强。商业空间内部一些非消费行为活动也非常重要，例如休息、行走、交往等，而这些活动时常会交织在一起进行。设计中应充分考虑非消费行为的舒适性，在行走路线上尽量给人以安全、便捷的路径，设置划分和引导物体，让随意行走的顾客无论是走、停，还是看，都有方便的行走路线。对于用来划分区域导向的陈设品，常利用造型创造出更舒适、更别致、更人性化的空间体验。自动扶梯是商业空间中必不可少的交通通道，最能彰显商业空间的形象特征，为使空间变得具有趣味性和丰富多彩，在设计扶梯时常使用穿插和交错的形式，形成空间矛盾与复杂的格调。

在陈设设计方面，L4、L5设置了一个运用集成木材连接的树屋，用于表演和雕塑展览，是广州 K11 独有的引人入胜的焦点。内部设有弯曲的楼梯，多个阳台和露台，以及咖啡馆和花园庭院，供人放松身心、休闲娱乐（图5-2-4）。

> 图5-2-4　树屋设计

购物中心主入口是一个将表演、展示和自然种植动态融合的空间。雄伟的柱子借用六榕寺的文化含义，承接着布满树叶的树冠（图5-2-5）。购物者在L2天桥的对面就能欣赏到从主楼层的表演到雕塑般树屋内的主舞台的所有周边活动。L2、L3层之间的高空间多用大型艺术品或LED显示营造出中庭氛围。走廊和侧廊构成了一个不断变化的活动区域，相邻的咖啡馆和小型零售空间，给购物者一种置身于博物馆的感觉（图5-2-6）。宽敞的景观咖啡厅展示出城市农业绿色景观，为消费者提供了享受时光的开放空间（图5-2-7）。

> 图5-2-5 中庭设计

> 图5-2-6 画廊步道

> 图5-2-7 花园咖啡厅

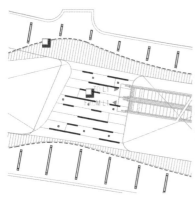

> 图5-2-8 照明设计

在照明设计方面，光线充足的区域突出了整体建筑和材料特征，营造出舒适宜人的环境。良好的照明、有趣和令人兴奋的氛围能够吸引人们关注空间。作为讲述广州人文故事的K11购物空间，利用光线将艺术品营造成为整个商场空间的焦点，强化了作品展示效果。商场照明被用作营造自然氛围的一种手段，为空间增添了深度和更多的趣味。其中的特色照明安装在拱腹底部不同位置，从各个角度照亮主要艺术雕塑。集成在拱腹内的线性变色LED条形灯增加了桥底的俏皮元素，另外，线性LED条形灯突出了天花板拱腹的起伏形式（图5-2-8），隐藏在榕树树枝后面的上光灯照亮了树冠的中央建筑图案（图5-2-9）。

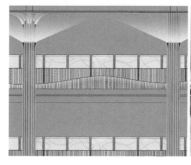

> 图5-2-9 榕树灯设计

卫生间的设计，需要有可以放置物品、放置童车的地方以及休息座椅。除此之外，还需设有年长者、儿童、残疾人等使用的多功能卫生间。通过人性化的设计让更多顾客感受到便利和舒适。

5.2.3 方案表达

方案设计理念表达不仅需要较为合理的概念设计和细致的深化设计，还需要通过完整翔实的设计图纸将方案设计思路准确表达出来，即通过室内外空间效果图、楼层平面图、顶棚平面图、墙立面图、剖立面图等标准化图纸表达出项目完整的设计概念。在把握整体设计理念的同时，还应该贯彻以下设计思路。

① 设计体系标准化。采用标准跨度柱网设计，在充分考虑平面户型分隔可能性的前提下，为项目的灵活运作提供充分的空间。高度标准化设计可大幅度降低开发成本，大大降低配套结构和设备方面设计及施工的难度，同时为标准化运作提供充足的空间。

② 空间配置集中化。完全放开共享空间的尺度，包括大尺度的公共绿植、入口门厅、多层面共享空间等，提升空间使用效率，提高项目附加值。

③ 细部设计集成化。延用标准化设计体系，在建筑构件细部设计中强调标准化集成式设计，在强化建筑物公共性外观的同时，实现细部设计和施工的标准化。相关设备用房集中设置，简化管线配置，提高管线配置效率，减缩工程成本。对主楼分户空调机位进行标准化暗藏设置，以保证主楼立面的完整性和建成效果。

广州K11购物中心在整体平面设计上，每一层都有明确的功能划分，具体如下。

① B2主要为书店与餐饮等功能区。设有言几又书店，地铁出入口一侧设置以休闲轻餐为主的餐饮集中区以及以食品杂货为主的零售区（图5-2-10）。

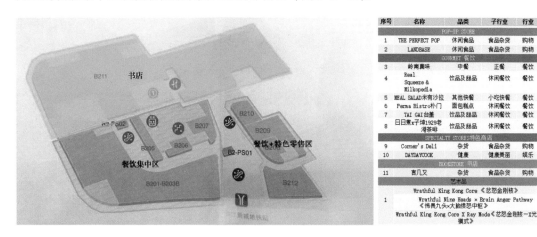

> 图5-2-10 B2平面图（注：图中字符存在不规范之处）

② B1主要为零售和餐饮两大功能板块，功能分区明确。零售购物品类以个人时尚型购物为主，兼有3家生活型购物商店。餐饮则以正餐为主，种类丰富，包含中餐、西餐和亚洲其他菜系等（图5-2-11）。

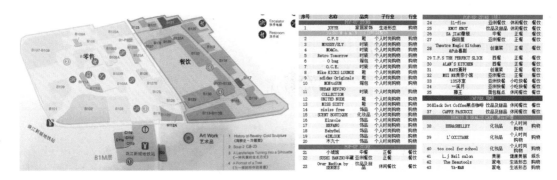

> 图5-2-11　B1平面图（注：图中字符存在不规范之处）

③ L1为购物区，零售品类集中性强，购物功能突出。购物品类以奢侈品牌、设计师品牌时装为主，定位高端，满足高消费需求人士品质化、独特性追求（图5-2-12）。

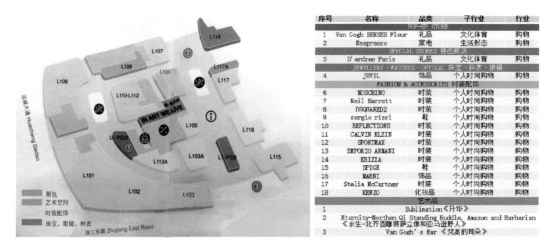

> 图5-2-12　L1平面图（注：图中字符存在不规范之处）

④ L2为购物品类集中区，兼有两家餐饮品类门店和1家娱乐品类门店，以个人时尚型购物品类为主，主营鞋履箱包等（图5-2-13）。

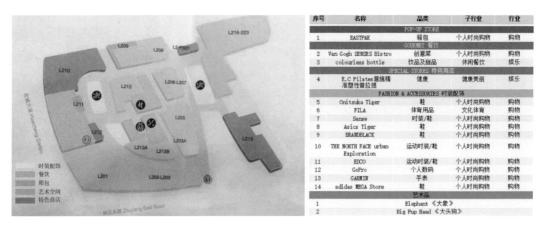

> 图5-2-13　L2平面图（注：图中字符存在不规范之处）

⑤ L3功能与L2相似，为购物品类集中区，兼有两家餐饮品类门店，以个人时尚品类为主，主营中高端时装，定位在中高端品质消费客户群（图5-2-14）。

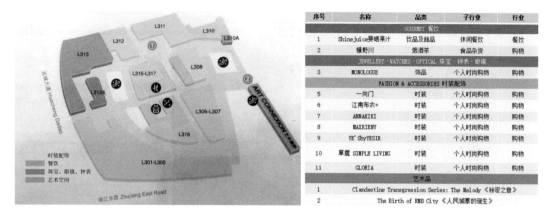

序号	名称	品类	子行业	行业
		GOURMET 餐饮		
1	Shinejuice要晒果汁	饮品及甜品	休闲餐饮	餐饮
2	楢野川	烟酒茶	食品杂货	购物
		JEWELLERY · WATCHES · OPTICAL 珠宝 · 钟表 · 眼镜		
3	MONOLOGUE	饰品	个人时尚购物	购物
		FASHION & ACCESSORIES 时装配饰		
5	一尚门	时装	个人时尚购物	购物
6	江南布衣+	时装	个人时尚购物	购物
7	ANNAKIKI	时装	个人时尚购物	购物
8	MAXRIENY	时装	个人时尚购物	购物
9	YE' SbyYESIR	时装	个人时尚购物	购物
10	单農 SIMPLE LIVING	时装	个人时尚购物	购物
11	GLORIA	时装	个人时尚购物	购物
		艺术品		
1	Clandestine Transgression Series: The Melody 《秘密之音》			
2	The Birth of RMB City 《人民城寨的诞生》			

> 图5-2-14　L3平面图（注：图中字符存在不规范之处）

⑥ L4门店较少，但相较于其他各层，品类相对丰富，购物、餐饮、娱乐均匀分布，定位在家庭客户群，家居生活形态类购物和家庭娱乐品类集中（图5-2-15）。

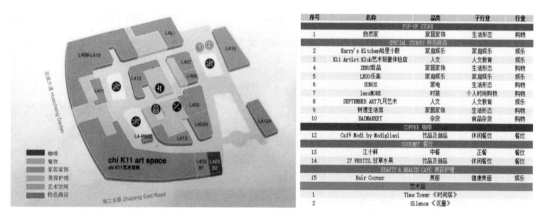

序号	名称	品类	子行业	行业
		POP-UP STORE		
1	自然家	家居家饰	生活形态	购物
		SPECIAL STORES 特色商店		
2	Harry's Kitchen哈里小厨	家庭娱乐	家庭娱乐	娱乐
3	K11 Artist Klub艺术家联盟体验店	人文	人文教育	娱乐
4	ZENS器品	家居家饰	生活形态	购物
5	LEGO乐高	家庭娱乐	家庭娱乐	娱乐
6	SONOS	家电	生活形态	购物
7	lessMORE	时装	个人时尚购物	购物
8	SEPTEMBER ART九月艺术	人文	人文教育	娱乐
9	树德生活馆	家居家饰	生活形态	购物
10	BADMARKET	杂货	食品杂货	购物
		COFFEE 咖啡		
12	Café Modi by Modigliani	饮品及甜品	休闲餐饮	餐饮
		GOURMET 餐饮		
13	江小鲜	中餐	正餐	餐饮
14	27 FRUITS.甘草水果	饮品及甜品	休闲餐饮	餐饮
		BEAUTY & HEALTH CAFÉ 美容护理		
15	Hair Corner	美肤	健康美丽	娱乐
		艺术品		
1	Time Tower 《时间塔》			
2	Silence 《沉墨》			

> 图5-2-15　L4平面图（注：图中字符存在不规范之处）

⑦ L5、L6功能分区明晰，分为影视区和餐饮区，引入影城及主力型餐饮门店（图5-2-16）。

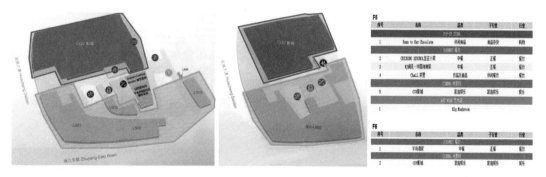

> 图5-2-16　L5、L6平面图（注：图中字符存在不规范之处）

⑧ L7、L8延续L5、L6功能及其分区模式，分为影视区和餐饮区。L7除影院和餐饮品类之外，还引入了另外两家娱乐品类商户；L8为定位高端的精致餐饮。

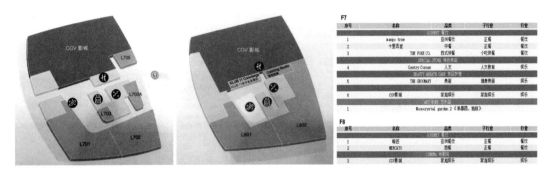

> 图5-2-17　L7、L8平面图

5.3　现场设计实践

商业空间设计的过程包括方案设计和装修施工图设计两个阶段。通过前期设计调研及概念设计构思，设计师反复完善商业空间的设计方案，之后将由设计师进行商业空间装修施工图的深入设计。

在商业空间装修施工图的深入设计过程中，需要同步进行的还有设备施工图设计，包括消防工程施工图设计、给水排水改造施工图设计、强电弱电线路改造施工图设计、空调通风施工图设计等。整个商业空间的设计过程都要遵守国家相关部门颁布的设计规范和规定，各专业设计师协调完成的商业空间装修施工图，将作为商业空间装修施工过程中的指导性文件。

5.3.1　施工设计监理

（1）图纸会审、设计意图交底

图纸会审及设计交底的目的，就是让监理和工程经理更深入仔细地了解设计思路、设计特点、施工工艺、特殊做法等，为商业空间的施工和管理打好基础。设计交底的主要内容有：给排水管道的布置、洁具的安装、回路的设置和开关插座位置的预留、需要拆除的项目、特殊的材料和施工工艺、施工图纸和工程预算等。

根据工程项目的定位级别和施工单位的施工资质确定项目施工方，同时制定施工进度计划与施工管理内容。为了使设计意图更好地贯彻实施于设计全过程，在施工前，施工人员、客户、设计团队应共同对商业空间的设计进行沟通确认。设计师应向施工方解释设计意图，对设计方案进行详细说明，将设计图纸所需的施工技术解释清楚。设计的整体方案图经过施工方审查完成后，设计团队应根据施工方提出的建议对整体设计空间进行修改完善。在实际施工阶段要根据图纸进行尺寸和材料的核对，根据现场的实际状况进行局部的设计修改和完善。设计方、客户以及施工人员之间还应再次沟通，对图纸中设计不完善的地方要充分采纳各方意见进行修改，以确定最后的设计方案。

（2）施工图设计

施工图设计是将方案设计图进一步修正、规范、细化、完善直至变成工程图纸的关键环节，目的是为了给现场施工、施工预算编制、设备与材料准备、施工质量和进度保证提供必要的科学依据。

施工图的编排原则是先整体后局部、先底层后上层、先平面后立面。施工图各部分的一般顺序为封面和目录、设计说明、材料表、平面施工图、立面施工图、节点详图与大样详图等。

1）封面和目录

此项一般由两页组成，封面与目录各一页（部分较大项目可能出现目录多于一页的情况）。封面上一般介绍项目名称、项目地址、设计单位、设计时间等基础信息。目录内容，则从目录之后开始直至施工图纸最后一页，都需记录在册，以便设计单位、施工单位等随时对应查看具体设计内容（图5-3-1）。

2）设计说明

通常主要介绍的内容有：技术指标，如墙体、设备、配件等相关信息；设计规范中要求设计单位在设计手册中做集中解释与处理的内容等；设计施工图绘制过程中使用的特殊符号、特殊图案等所代表的实际意义；对设计方案的总结概括等相关内容。这些均在此处有所体现，但不同设计单位会略有差别（图5-3-2）。

3）材料表（部分含灯具与配饰）

该项是施工图集里较为重要的一部分，一般系统性较强的大中型项目，如品牌连锁店、综合性百货超市等，在施工开始前，需要设计师汇总项目需要的所

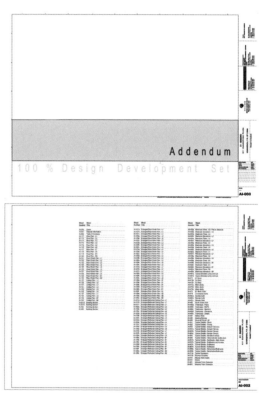

> 图5-3-1　封面和目录

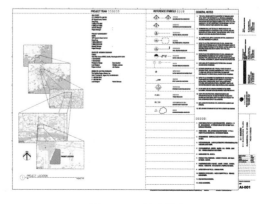

> 图5-3-2　设计说明

有材料并且编辑成表格，详细记录材料的具体名称、型号、类型、颜色等相关信息。对项目系统性要求更高的甲方，一般会对常用的材料编码，由于该标注形式主要来源于欧美国家，因此一般会采用英文缩写代表相应材料，例如：WD代表木材类（wood），ST代表石材类（stone），MT代表金属类（metal），PT代表乳胶漆类（paint），GL代表玻璃类（glass）等。在这些系统性较强的材料表中，主要介绍：材料代码、材料简要描述、材料主要使用位置、材料型号、材料所需数量，以及部分需要注明材料供应商的相关信息等。以上是商业空间设计过程中硬装部分材料表的制作流程，另外，部分项目会包含灯具与配饰设计材料表。由于灯具参数较为复杂、类型较多，因此灯具表需要单独详列，这与上述硬装部分的材料表制图思路一致。系统性较强的设计项目一般常用灯具有其特定编码，在灯具列表中需要详述：灯具编码、灯具型号、灯具基础参数、灯具使用位置、灯具所需数量，以及部分需要注明灯具供应商的相关信息等。配饰材料表制作方法同上，包括：配饰编号、配饰型号、配饰特征简述、配饰使用位置、配饰所需数量，以及部分需要注明配饰供应商的相关信息等。

综上所述，材料表部分主要包含三方面内容：硬装材料列表、灯具列表以及软装部分的配饰列表。分别详细列举在施工过程中所需主要的、大面积使用的耗材或装饰艺术品。其目的在于：①汇总、统计自控设计材料；②为施工预算提供详细依据；③为提前准备施工材料提供相应数据。因此，在施工图集里材料表部分被视为施工前准备阶段的重要信息材料，是保证施工可以顺利完成的重要内容，需要仔细斟酌、认真核对。

4）施工图纸

施工图绘制过程本身就是一个进一步深化设计的过程，是设计者在已完成的初步方案成果基础上，针对该方案的可实施性和具体细节进行深入推敲、调整后绘制的过程。需要明确的是，施工图要达到能够指导施工的标准。施工图绘制通常采用的是Auto CAD、天正等软件，以便于施工过程中的跟踪修改、尺寸度量，以及竣工预决算出图。施工图主要包括：平面施工图系列、立面施工图系列、节点详图与大样详图系列，以及门（窗）表施工图系列等。在此针对室内环境设计进行详述。

① 平面施工图纸系列能够反映出室内陈设、空间动向、配套设施、隔断位置，表明空间平面关系、交通流线等内容。主要包括：原始平面图、新建墙体图（备选）、拆除墙体图（备选）、平面布置图、家具定位图（标注家具与固定墙体之间的尺寸）、地面铺装图、天花板布置图、天花板尺寸图、灯具连线图（含开关位置）、强弱电图（强电即插座，弱电即信号输出的网络、电话、有线电视接口等）、监控系统点位图（仅标注位置，具体尺寸由设备公司提供）、消防系统定位图（含烟感、喷淋、音响等）、给排水图（备选）、立面索引图等。其余平面图纸根据商业空间的具体要求可另行添加。若无特殊情况，以上图纸已基本涵盖商业空间设计的所有平面施工图部分。每部分的具体内容可根据设计需求或甲方要求等适当调整（图5-3-3）。

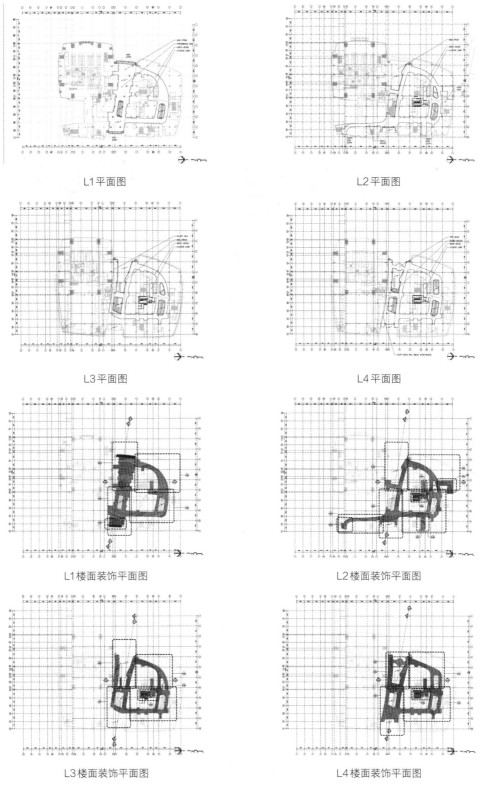

L1平面图

L2平面图

L3平面图

L4平面图

L1楼面装饰平面图

L2楼面装饰平面图

L3楼面装饰平面图

L4楼面装饰平面图

> 图5-3-3　平面施工图纸

② 立面施工图纸系列，主要表达室内造型、材料、颜色、场地环境关系等，还有表明室内竖向尺寸以及细节的作用。在通常状况下，主要包含所有空间的四个方向（即东立面、西立面、南立面和北立面）的立面施工图，其主要意图是为施工单位提供清晰准确的立面设计信息。此应与平面图纸系列的最后一张，即立面索引图一一对应。立面索引图上有多少索引标识，立面图纸上则对应有多少立面表现（图5-3-4）。

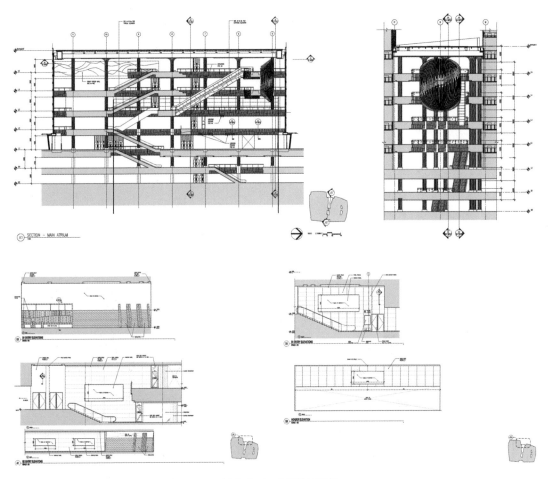

> 图5-3-4　立面施工图纸

③ 节点详图与大样详图系列，主要指平面施工图纸与立面施工图纸中涉及的具体施工工艺与做法的大样图。比较常见的有：地面铺装图、天花板布置图、墙体材质图、不同材质衔接处的节点详图、地面与墙体衔接处的节点详图、吊顶与墙体衔接处的节点详图、固定展柜大样详图等。凡需要施工单位详细了解具体工程做法的特殊部分都需要画出剖面图、节点详图或大样详图（图5-3-5）。

④ 门（窗）表施工图系列，是专门针对设计空间内所有门（窗）的样式设计与详图做法的图纸。门（窗）表施工图中需要包含的信息有：门（窗）的外观设计图（内外两侧）、门（窗）的剖面图（纵剖图与横剖图）、门（窗）的五金配件信息、同款门（窗）的数量等。

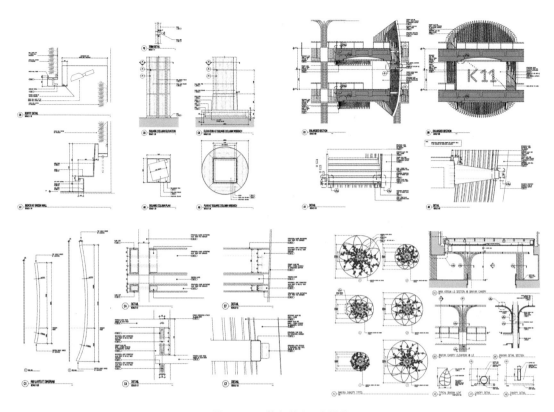

> 图5-3-5　节点详图、大样详图

在施工图绘制过程中，需要注意的事项有以下几点。

① 施工图中的造型绘制需要准确、细致，图纸中每条线的存在都有其代表的意义，切勿随意删减或添加。

② 图纸中涉及特殊做法或材质说明时，需给予必要的文字标注，确保施工图表达准确无误，但需明确一点：文字解释工作只是施工图纸的辅助项，始终要以准确的造型绘制为主。

③ 图纸中所有的造型设计均需标注尺寸，不可出现漏项。

④ 施工图纸绘制要尽可能做到图幅清晰、明了，并能够详细向施工单位说明所有设计意图。目前，国内外施工图的绘制要求在知识结构及制图原理上基本保持一致，其中包括所有标识、符号、代码以及制图方式与方法等。

（3）复尺

复尺是指在施工之前，设计方对现场尺寸的核实。复尺必备的完整工具包括卷尺、方格纸、白笔记本、铅笔、不同色圆珠笔、粉笔、激光测距仪、指北针、数码相机、量角器。复尺之前要先联系客户，并携带原始量尺图、客户确认的平面布置图、墙体隔断图。

复尺图包含的内容如下。

① 场地名称及东南西北方位。

② 标明交通流线。

③ 对于消防设备、配电箱、插座线盒等设备管道，标明其位置、详细尺寸，并拍照。

④ 标明墙壁、柱子等材质情况及处理要求。

⑤ 现场复尺地面、天花板、楼梯（楼梯台阶、数量、宽、高、中空位、宽度等）、门头、窗户、梁及重要立面、外观尺寸、剖面结构、设计范围等，并标注详细尺寸。

需要注意的事项：尺寸清晰，字迹工整，禁止涂鸦及尺寸线重叠交错。照片拍摄要求每个立面和位置要详细拍摄，室内的一些异形结构要独立采样拍照记录，天花板的结构和柱子结构、烟感器、喷淋、水管、风管等要拍照记录。

（4）造型调整及材质样板的认定

在实际项目工程施工期间，设计人员需定期到施工现场指导工作，按照既定设计图纸核对和审验施工实况，检查工程施工质量。若在实际施工过程中出现局部设计内容的变更问题，设计人员需配合施工监理共同对设计方案及施工图纸做出修改和补充，并及时对施工进度进行合理调整。对于特别设计的装饰造型，应根据实际需求和甲方要求再次调整确认。

施工选定材料主要有地面材料、墙面材料、吊顶材料、装饰五金、饰面板、玻璃、油漆、特殊材料等（图5-3-6）。一般来说，材料的选定主要依据设计预算。选择材料要根据设计的概念，先选择出一部分符合设计的材料。预算充足的情况下，可适当选取部分豪华材料，这类材料的质感和做工都相对复杂，在设计效果体现上也更出彩。

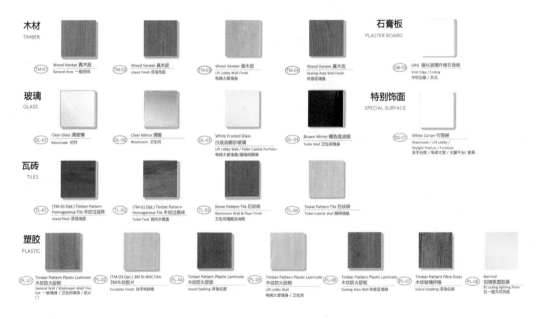

> 图5-3-6 商业空间中材料的选择（注：图中字符存在不规范之处）

受限于预算，可选择价格相当的材料，只要选择的材料能够与设计理念相吻合就可以做出较理想的设计效果。选择材料，常要对其进行组合对比，从质感、色彩、肌理、形态等方面搭配出最佳效果，进而确定所需要的材质样本。如果选择的材料比较新颖，施工进场前要尽快和设计单位沟通，解决新材料、新工艺的技术问题，完成技术交底，保证工程顺利完成。

材料样板经过业主、设计及监理确认后统一制成展板并进行封样，以便业主随时对大批材料进行检查校对。对已经认可的材料将进行集中采购，确保在最短的周期内提供成品或半成品。

（5）设计施工阶段

施工工艺总体安排：按照先预埋、后封闭、再装饰的总施工顺序进行部署。在预埋阶段，先通风，后水暖管道，再电气线路；封闭阶段，先墙面，后顶面，再地面；装饰阶段，先油漆，再面板。对每一个面层的施工部位，要根据现场实际尺寸绘制排版图，并制作样板间或样板段。

技术准备：做好图纸会审工作，充分理解设计意图。在图纸会审工作中重点把握以下几个方面：充分理解各部分的工艺做法、节点构造；充分熟悉各种材料的性能和施工工艺要求；对图纸设计中存在的问题与设计师进行充分交流，找出解决办法。

施工过程中设计方应派一名施工图设计师在现场负责与甲方沟通。在施工过程中遇到施工图纸与实际现场不符或存在不完善的地方，项目经理部将配合现场情况，以最快的速度、最短的时间把问题呈报甲方和设计方，或在得到甲方的同意后，由设计方派出的驻场设计师将图纸尽快完善，立即送达甲方、监理和设计方。如得到甲方、监理和设计方的认可，施工方将以图纸为依据进行施工。

计算并复核工程量：按区域、房间、工种、项目计算装饰工程量；在计算装饰工程量的基础上，参照设计公司内部定额、市场材料和人工费预算成本，供项目管理部使用，同时确定工料消耗。

（6）竣工验收业务

在工程正式交工验收前，应由施工单位组织各有关工种进行全面预验收，检查有关工程的技术资料、各工种的施工质量，如发现存在问题，及时进行处理整改，直到合格为止。工程项目竣工是指工程项目经过承建单位的准备和实施活动，已完成了项目承包合同规定的全部内容，并符合发包单位的意图，达到了使用的要求。它标志着工程项目建设任务的全面完成。

1）竣工验收前的资料准备

① 上级主管部门的有关文件，如施工证，开工证，各种报批报建所要办理的手续、文件等。

② 建设单位和施工单位签订的工程合同。

③ 设计图纸会审记录、图纸变更记录以及确认签证。

④ 施工组织设计方案。

⑤ 施工日志。

⑥ 工程例会记录和工程整改意见联系单。

⑦ 采购的工程材料的合格证、商检证及测验报告。

⑧ 隐蔽工程验收报告。

⑨ 自检报告。

⑩ 竣工验收申请报告。

2）交工验收的标准

① 工程项目按照工程合同规定和设计图纸要求已全部施工完毕，且达到国家规定的质量标准，并满足使用要求。

② 交工前，整个工程达到窗明地净、水通灯亮及设备运转正常。

③ 室内布置干净整齐，活动家具按图就位。

④ 室外的施工范围内，场地清洁完毕。

⑤ 技术档案资料整理齐备。

工程竣工验收合格后，正式办理竣工交接手续。

3）竣工交接手续

装修工程竣工交接分两大部分，一是竣工资料交接，二是施工现场交接。

① 竣工资料交接。主要是竣工图、设计图纸变更记录、隐蔽工程记录等资料的交接。竣工图应该能正确地反映出工程量、工程用材及工程造价，并能体现设计的功能及风格，出图深度同施工图。竣工图作为归档备查的技术图纸，必须真实、准确地反映项目竣工时的实际情况，应做到图物相符、技术数据可靠、签字手续完备。

② 施工现场交接。交接时，将经过质检部门验收的各施工部分全面交给甲方单位，交接时整个工程要符合标准。交接的物品要逐一检查、清点，并记录在案。全部清点交接完毕后，双方在交接表上签字认可。所有房间钥匙要统一编号，一并转交接收部门。

5.3.2 陈设品配置

商业空间陈设品的配置，要根据环境特点，精心设计或选择有个性、装饰性的优秀饰品（家具、织物、灯具、植物、绘画、雕塑、工艺品等），更重要的是商业空间中设计或选择的饰品必须适合室内环境氛围的陈设需求（图5-3-7）。

商业空间陈设品的配置流程如下。

（1）获取甲方资料

根据商业空间的性质，陈设品配置多从实用角度规划设计。比如，商业空间要更多地考虑客流的动向，做到有的放矢。在陈设品配置之前需要甲方提供硬装的设计效果图和装修施工图。通过对这些图纸的深入分析，了解每个空间的施工细节、空间处理方式等，为后期陈设配置打下基础。通过对这些数据的核算分析，会减少后期因为尺寸问题而无法放置陈设品的麻烦。

> 图5-3-7 商场中庭的陈设

（2）前期准备

获得甲方项目基本资料之后，进入前期准备即项目详细分析阶段。项目分析主要是以商业性质为基础，例如酒店类的商业空间主要考虑项目的整体协调性，即陈设、硬装、园林和酒店各类配置设施的协调统一。酒店的陈设强调文化性，如酒店的历史传承、地域特色、整体星级定位等，没有文化的沉淀会表现出空洞和肤浅（图5-3-8、图5-3-9）。酒店常见的陈设如雕塑、摆件、挂画、装饰灯具、家具、窗帘帷幔等，应经得起世界各地旅客的审美考验。餐饮和专卖店等商业空间由于装修翻新频率高，在陈设配置方面更倾向于物美价廉的选择。

> 图5-3-8 通过研究项目历史文化背景进行项目陈设设计

> 图5-3-9   中国元素陈设与墙面环境协调统一

（3）陈设配置方案制作

制作时要从总体到局部进行分析，主次相结合。平面完成之后，再考虑立面和光影。

具体流程如下：先根据甲方的图纸，把空间结构关系直观地表现出来，一方面可以加强自己的空间感，另一方面也便于与业主沟通交流；通过对项目的人文历史背景的分析提出设计手法，提取设计元素；通过网络、展会或者厂家等渠道寻找合适的素材；将收集好的材料放置在方案中，通过组织排版，将项目的资料和素材分析搭配完善，总体的版面设计要注重视觉效果表达。例如百丽国际旗下的鞋履品牌BASTO（图5-3-10），为了让消费者快速地对品牌产生足够的认知与印象，MOC设计工作室选择以克制的建筑感外观获取关注，其建筑肌理则来源于芭蕾舞裙，空间内部的展柜造型、层板偏移的位置设计灵感来源于芭蕾舞动作中舞者身姿的变化，富有韵律，结合上方陈列的舞鞋产品，让顾客直观产生关联想象。

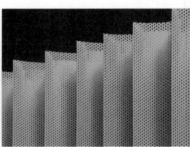

> 图5-3-10 以芭蕾舞裙为设计元素的舞鞋展柜

（4）陈设方案的实施

将选购的陈设素材拆包验收后入库，之后联系甲方确认布场的时间和注意事项。管理人员发放布展图，分配具体的工作，按照陈设摆放清单完成布展，最后要拍照记录现场。在一切工作完成后邀请专业摄影师完成拍摄（图5-3-11）。

> 图5-3-11 广州K11购物中心实景

课题思考

1.在接手某商业空间设计任务之前，设计师需要进行哪些工作？

2.企业文化、企业理念该如何与商业空间设计进行结合？

3.地域性、科技感在商业空间设计中该如何体现？

课程设计训练

设计训练是"商业空间设计"课程的主要教学环节。在教学过程的最后阶段，选取面积为 100～200m² 的商业空间（商业业态自定），通过一个较为完整的商业空间方案设计过程，使学生初步掌握商业空间设计的基本方法，熟悉商业空间方案设计的构思过程。

一、课程设计任务书

（1）训练目的

通过对商业售卖空间（除餐饮、娱乐空间外）的分析和设计实践，熟悉公共商业空间的功能布局、交通流线、空间组织及构成法则，培养设计商业售卖空间的综合能力，加强建筑制图的规范性。

通过该设计训练，进一步了解商业空间设计中的构成特征、商业建筑室内环境的设计要素，明确商业空间的基本设计要求，掌握商业空间的设计规律。

（2）基地条件

扫二维码可见。

（3）设计要求及要点

① 平面功能分区明确，商业空间组织形式多样，品牌商品专卖展示合理，空间氛围营造适宜。

② 要求利用现有商场布局条件，于规整中求变化，寻求更为丰富的商业空间环境效果。在设计手法上注意空间环境和室内空间交通流线的一致性和延续性。

③ 以丰富的设计手法处理所选商业局部的空间环境，达到点、线、面、体在构图上的均衡；进行照明设计、商品展示设计、交通流线等环境因素及室内环境的综合设计，创造丰富的视觉效果。

（4）设计成果

① 商场局部空间（100～200m²）的平面布置图、顶棚平面图、墙立面图、墙剖面图、商品展柜和服务台（收款台）详图（比例自定）。

② 透视效果表现图2个以上。

③ A2幅面展板2张，彩色相纸打印（不裱板）。

（5）进度安排

第1周：授课，布置设计课题；参观考察，收集、查阅资料，构思方案草图。

第2周：搜集相关的设计资料，构思设计草图，确定设计方案；交设计方案草图（平面布置图、顶面图、主要墙立面图、透视图）。

第3周：搜集相关的设计资料，整合设计草图，确定设计方案。

第4～6周：上机绘制方案设计图，第6周交打印的A2展板2张，进行设计作品布展。

二、商业空间参观考察报告

重点考察至少两种商业业态的空间布局，以作为本设计训练备选设计内容，并提交考察报告，要求如下。

① 考察报告至少3000字，A4文档打印。要求考察资料翔实，重点考察空间氛围营造、品牌陈列、商品展示、柜台布置、灯具照明、展柜尺寸、收银台、消防设施（烟感报警器、喷淋头、应急灯、消防卷帘、疏散指示等）、专卖店主要装饰材料、商场软装陈设等。

② 考察报告撰写要求图文并茂，利用课余时间参观考察，与A2作业展板同时交。

扫二维码查看
相关图片

三、课程设计作品范例

扫二维码可见（注：作品图存在表达不规范之处，仅供参考）。

[1] 张绮曼.室内设计资料集[M].北京：中国建筑工业出版社，1991.

[2] 黄建成.空间展示设计[M].北京：北京大学出版社，2007.

[3] 张宪荣.设计符号学[M].北京：化学工业出版社，2004.

[4] 徐涵.室内空间构造与设计[M].北京：中国建筑工业出版社，2001.

[5] 徐磊青，杨公侠.环境心理学：环境、知觉和行为[M].上海：同济大学出版社，2002.

[6] 中国建筑学会室内建筑师学会.室内建筑师手册[M].哈尔滨：黑龙江科学技术出版社，1998.

[7] 郑兴东.受众心理与传媒引导[M].北京：新华出版社，1999.

[8] 朱文一.空间·符号·城市：一种城市设计理论[M].北京：中国建筑工业出版社，1993.

[9] 陈凯峰.建筑文化学[M].上海：同济大学出版社，1996.

[10] 洪麦恩，唐颖.现代商业空间艺术设计[M].北京：中国建筑工业出版社，2006.

[11] 张意.文化与符号权力——布尔迪厄的文化社会学导论[M].北京：中国社会科学出版社，2005.

[12] 吴良镛.人居环境科学导论[M].北京：中国建筑工业出版社，2001.

[13] 大师系列丛书编辑部.大师系列——赫尔佐格和德梅隆的作品与思想[M].北京：中国电力出版社，2005.

[14] 王雅林.生活方式概论[M].哈尔滨：黑龙江出版社，1989.

[15] 李道增.环境行为学概论[M].北京：清华大学出版社，1999.

[16] 朱力.商业环境设计[M].北京：高等教育出版社，2008.

[17] 《建筑设计资料集》编委会.建筑设计资料集[M].2版.北京：中国建筑工业出版社，1994.

[18] 华东建筑集团股份有限公司.治愈空间：医疗建筑设计[M].上海：同济大学出版社，2016.

[19] 罗运湖.现代医院建筑设计[M].北京：中国建筑工业出版社，2010.

[20] 陈述平，张宗尧.文化娱乐建筑设计[M].北京：中国建筑工业出版社，2000.

[21] 熊阳漾，余俊.展示空间设计[M].北京：中国青年出版社，2019.

[22] 王熙元.展会空间设计[M].南昌：江西美术出版社，2010.

[23] 陈章喜，周芮仪.国内大中城市购物中心选址的确定与方法分析[J].商场现代化，2005（22）：20-21.

[24] 彭凯.基于消费行为演变的大型商业空间适应性研究[D].湖南大学，2017.

[25] 罗丽娟.K11的生意经[J].21世纪商业评论，2018（09）：26-27.

[26] 王泽平.泰国体验式商业空间设计研究——以the Commons为例[J].建筑与文化，2020（02）：109-111.